SIBYLLE ANDERL

DAS UNIVERSUM UND ICH

Die Philosophie der
Astrophysik

Carl Hanser Verlag

1 2 3 4 5   21 20 19 18 17

ISBN 978-3-446-25663-7
© Carl Hanser Verlag GmbH & Co. KG, 2017
Illustrationen: Sibylle Anderl
Satz: Fotosatz Amann, Memmingen
Druck und Bindung: CPI books GmbH, Leck
Printed in Germany

MIX
Papier aus verantwortungs-
vollen Quellen
FSC® C083411

INHALT

UND DAS SOLL MAN GLAUBEN?

Mein Vater ist am Telefon. Das kommt eher selten vor, denn sonst ist meine Mutter selbstverpflichtete Hauptverantwortliche für telefonische Außenkommunikation.

»Du, Sibylle, jetzt muss ich dich auch noch mal direkt sprechen.«

»Hallo, Papa.«

»Ich habe gestern mal wieder meine Wissenschaftszeitung gelesen. Und da stand drin, dass die ein Schwarzes Loch gefunden haben mit 17 Milliarden Sonnenmassen. *17 Milliarden!* Unvorstellbar!«

Dabei sagt er »un-vor-stell-bar« mit besonderer Dehnung aller Silben, um seiner Ehrfurcht vor dieser unfassbar großen Masse noch zusätzlich Nachdruck zu verleihen. Nachdruck, der allerdings in Sekundenschnelle wieder zerstört wird, denn meine Mutter ruft aus dem Hintergrund:

»So ein Quatsch, ich kann mir schon eine Sonnenmasse nicht vorstellen. Das sind doch einfach nur irgendwelche Zahlen.«

Mein Vater wird leicht unwirsch: »*Du* kannst dir das vielleicht nicht vorstellen. Aber, Sibylle, meine Frage ist jetzt: Kann man das glauben? Ich meine, wie sicher ist denn so was, wenn die sagen, die haben das entdeckt mit so viel Masse? Weil, hinfliegen und wiegen kann man ja nicht.«

DIE ASTROPHYSIK IST
WAS BESONDERES

Wenn man etwas Wichtiges zu besprechen hat, dann kann es eine gute Idee sein, in die Uckermark zu fahren. Die Uckermark ist ein relativ verlassener Landstrich nördlich von Berlin, es gibt viel Wasser, viel Grün und wenige Menschen, viel Ruhe und wenig Ablenkung. Gleichzeitig gibt es fast keine Möglichkeiten, sich aus dem Weg zu gehen, wenn man ein paar Tage in einem Ferienhaus verbringt. All das waren Gründe gewesen, warum ich vor einigen Jahren mit Kollegen für zwei Tage im Herbst in die Nähe von Lychen reiste. Die Gruppe von etwa zehn Wissenschaftlern umfasste Historiker, Soziologen, Philosophen und Astrophysiker. Professoren, Postdocs, Doktoranden und Studenten. Unsere Gemeinsamkeit war, dass wir verstehen wollten, wie die Astrophysik funktioniert und wie Wissenschaftler vorgehen, wenn sie das Universum erforschen.

Das wirkt natürlich auf den ersten Blick wie ein etwas seltsames Ziel, und man könnte annehmen, dass man sich als Astrophysiker schon sehr langweilen muss, um wegen so einer Frage in die Uckermark zu fahren. Mal ganz abgesehen davon, dass man eigentlich wissen sollte, was man tut, auch ohne Historiker, Soziologen und Philosophen zu konsultieren. Im Prinzip stimmt das auch. Aber man geht ja unter Umständen auch zu einem Therapeuten oder man macht ein Coaching, um sich besser zu verstehen oder sein Verhalten zu ändern, obwohl man sich selbst bereits ziemlich gut kennt. Und so wie man beim

Therapeuten lernt, auf der Grundlage der eigenen Biografie und der Geschichte der Familie einiges von dem besser zu begreifen, was man macht, denkt und fühlt, so hofften wir Astrophysiker, dadurch mehr über unsere Tätigkeit und unser Selbstverständnis zu lernen, dass ein paar Wissenschaftshistoriker einen Blick auf die Geschichte unseres Feldes warfen.

Von den Soziologen erhofften wir Astrophysiker uns Einsichten darüber, wie die Wissenschaftspolitik, wie bestehende Hierarchien und wie soziale Dynamiken allgemein das beeinflussen, was wir als Astrophysiker über das Universum herausfinden – obwohl wir von solchen Faktoren natürlich völlig unbeeinflusst sein wollen. Von den Philosophen erhofften wir uns schließlich Antworten auf Fragen danach, wie wir astrophysikalisches Wissen erlangen: ob es Erkenntnisgrenzen gibt etwa oder ob wir mit der Zeit einfach immer mehr wissen werden. Diese philosophischen Fragen interessierten mich besonders, da ich sowohl als Astrophysikerin als auch als Philosophin an dem Treffen teilnahm und mir diese Fragen damit gewissermaßen selber stellte.

Das alles wollten wir natürlich nicht binnen zwei Tagen abschließend klären, sondern in einer längerfristigen Forschungskooperation. In der Uckermark wollten wir nur den gemeinsamen Rahmen definieren. So etwas ist dann doch immer etwas komplizierter, als man es sich zunächst vorstellt.

Die Historiker sagen dann zum Beispiel, dass Wissen immer nur relativ zu einem bestimmten historischen Kontext wahr ist. Was die Menschen im Mittelalter geglaubt haben, muss nicht unbedingt weniger wahr gewesen sein als das, wovon wir heute ausgehen. Eine Feststellung, die bei Astrophysikern nicht gut ankommt und in ihren Ohren wie ein »Was ihr da macht, stimmt gar nicht« klingt. So eine Breitseite lässt man sich ungern gefallen, schon gar nicht von einem Historiker. Und wenn dann noch die Soziologen darauf achten, wer welche Kleidung trägt und ob Frauen genauso lange reden wie Männer, dann ist die naturwissenschaftliche Geduld schnell aufgebraucht. Die Geisteswissenschaftler finden die Naturwissenschaftler wiederum furchtbar unreflektiert und überheblich, und alle sind froh, dass sie selbst nicht so sind wie die anderen. Es ist eben nicht immer einfach, wenn Fachidioten verschiedener Disziplinen aufeinandertreffen.

Die Harmonie der Uckermark sollte dadurch zunächst jedoch nicht gestört werden. Die Sonne schien auf die sich im kalten Herbstwind kräuselnden Wasserwellen des Großen Küstrinsees vor unserem gemütlichen Ferienhaus, und wir saßen in der warmen Stube und dachten zunächst einmal darüber nach, welche Fragen wir in Bezug auf die Astrophysik eigentlich klären wollten. Um die Beantwortung dieser Fragen aber auch wirklich in Angriff zu nehmen, würden wir Geld brauchen, weshalb der wichtigere Teil unseres Treffens darin bestand, Pläne zu schmieden, wie wir die geplanten Projekte an potenzielle Geldgeber wie die Deutsche Forschungsgemeinschaft verkaufen konnten. Eine Finanzierung kriegt man natürlich nur, wenn man gute Argumente vorlegt. Hier vertrat ich nun die Auffassung, dass es beim Verkaufen immer enorm hilft, die Einzigartigkeit des Produktes herauszustellen: Warum ist es spannend und wichtig, zu beschreiben, wie astrophysikalische Forschung funktioniert? Weil die Astrophysik so viele Besonderheiten aufweist! Schließlich ist sie eine der ganz wenigen Wissenschaften, die unter keinen Umständen mit ihren Forschungsobjekten interagieren können. Das Universum ist viel zu groß, und fast alles, was uns Astrophysiker interessiert, ist einfach zu weit weg. Die Bedingungen im Universum sind wiederum viel zu extrem, als dass wir sie in irdischen Laboren nachbauen könnten, und die Zeitskalen, auf denen Prozesse im Universum ablaufen, sind praktisch immer zu lang im Vergleich zu unseren kurzen Menschenleben. Faszinierend. Allerdings war ich in unserer interdisziplinären Runde die Einzige, die sich derartig für die Besonderheit der Astrophysik begeistern konnte:

Historiker: »Nein, das ist gefährlich, sich so weit aus dem Fenster zu lehnen und zu sagen, die Astrophysik sei ganz anders als andere Disziplinen. Astrophysik ist Physik, angewendet auf das Universum.«

Ich: »Aber die Astrophysik ist zum Beispiel eine Beobachtungswissenschaft, das ist doch spannend.«

Historiker: »Es gibt viele andere Beobachtungswissenschaften. In der Biologie beobachtet man zum Beispiel auch sehr oft.«

Ich: »Aber in der Biologie kann man experimentieren. In der Astrophysik nicht.«

Soziologe: »In der Archäologie kann man auch nicht experimentieren.«

Ich: »Aber die Bedingungen im Universum sind viel extremer als alles, was wir kennen.«

Philosoph: »Aber das ist ja nur ein quantitativer Unterschied, kein qualitativer.«

Sosehr ich mich auch abmühte, niemand war davon zu überzeugen, dass die Astrophysik grundsätzlich anders funktioniert als alle anderen wissenschaftlichen Disziplinen. Und das, obwohl es für mich doch so klar auf der Hand lag. Ich fühlte mich unverstanden und gab schließlich auf. Wir einigten uns zunächst darauf, dass die Astrophysik zwar ein interessantes Fallbeispiel darstellt, aber dass wir uns im Prinzip genauso gut mit irgendetwas anderem beschäftigen könnten. Geowissenschaften. Oder Fruchtfliegenforschung. In einer Gruppe, die auch Astrophysiker umfasst, ergibt es jedoch natürlich mehr Sinn, über Astrophysik nachzudenken. Und weil Wissenschaft manchmal demokratisch organisiert ist und die Mehrheit gewinnt – umso mehr, wenn der Minderheit die Argumente ausgehen –, einigten wir uns letztendlich darauf, dass wir unser Projekt anders begründen müssten als mit der Besonderheit der Astrophysik. Die Tage in der Uckermark blieben mir damit als diejenigen in Erinnerung, in denen mich ein paar Soziologen, Historiker und Philosophen meiner astrophysikalischen Einzigartigkeit beraubten.

1.

WIE REAL IST DAS UNIVERSUM?

ALLES NUR AUSGEDACHT?

Die narzisstische Kränkung, die ich in der Uckermark erfahren hatte, hing mir noch einige Zeit nach. Dann entdeckte ich Ian Hacking. Ian Hacking ist ein kanadischer Philosoph, geboren 1936, der ein ziemlich bekanntes Einführungsbuch in die Wissenschaftsphilosophie geschrieben hat. Der Clou an diesem Buch ist, dass es eines der ersten ist, das sich sehr ausführlich mit wissenschaftlichem Experimentieren beschäftigt. Lange Zeit hatte die Philosophie so getan, als würde es in der Wissenschaft vor allem darum gehen, Theorien zu prüfen: Man denkt sich eine wissenschaftliche Hypothese aus und schaut dann, ob sie wirklich stimmt. Wie man das genau macht und machen sollte, das wurde philosophisch im Detail untersucht. Am bekanntesten ist dabei wohl Karl Popper mit seinem berühmten Falsifikationskriterium und der Forderung, Theorien immer wieder auf die Probe zu stellen, da es erheblich einfacher ist, zu zeigen, dass eine Hypothese nicht stimmt, als dass sie wahr ist. Wenn ich beweisen will, dass alle Fische Kiemen haben, kann ich mein ganzes Leben lang Fische mit Kiemen fangen und habe trotzdem keinen abschließenden Beweis. Aber wenn ich nur einen einzigen Fisch ohne Kiemen fangen würde, könnte ich mich etwas anderem widmen, denn ich hätte gezeigt, dass meine Hypothese falsch ist. Poppers Forderung entspricht der hypothetisch-deduktiven Methode: Man schließt von einem der Hypothese widersprechenden Einzelfall (dem Fisch ohne Kiemen) auf die Falschheit der Hypothese. Das Experiment war in dieser traditionellen philosophischen Sicht nur eine Art Hilfsmittel für die Entwicklung, Überprüfung und Verbesserung wissenschaftlicher Theorien.

Ian Hacking war Mitte der 1980er-Jahre einer der ersten Philosophen, die die Eigenständigkeit von Experimenten betonten. Experimente führen laut Hacking ein Eigenleben: Die wissenschaftliche Praxis läuft keinesfalls so geordnet ab, dass zuerst die Theorie kommt und dann experimentell geprüft wird, ob sie stimmt. Oft werden Experimente auch »einfach so« gemacht, aus reiner Neugierde, weil man sehen will, was passiert. Nicht selten folgt die Theorie auch erst aus den Experimenten, nämlich dann, wenn man etwas Unerwartetes beobachtet, für das es noch keine Erklärung gibt. Manchmal kommt es vor, dass Theoretiker schon eine Erklärung entwickelt haben, von der die Experimentatoren gar nichts wussten. Das war zum Beispiel der Fall, als die berühmte kosmische Hintergrundstrahlung, das »Babyfoto des Universums«, entdeckt wurde. Die beiden Radioastronomen Arno Penzias und Robert Woodrow Wilson testeten eigentlich ein neues, besonders empfindliches Radioteleskop für die Kommunikation mit Satelliten. Als sie auf eine schwache Strahlung stießen, die gleichmäßig aus allen Richtungen kam, glaubten sie zuerst an einen Fehler ihrer Messung und vertrieben sogar Tauben, um die Tiere als potenzielle Signalquelle ausschließen zu können. Letztendlich stellte sich aber heraus, dass sie zufällig diejenige vom Urknall stammende Strahlung entdeckt hatten, die von Theoretikern fast zeitgleich vorhergesagt worden war. Für diese Entdeckung bekamen Penzias und Wilson sogar den Nobelpreis, obwohl sie bei ihrer Messung von der Theorie, die sie mit ihrem Experiment bestätigten, überhaupt keine Ahnung gehabt hatten.

Ian Hacking ist also ein großer Fan wissenschaftlichen Experimentierens und Verfechter des von Theorien unabhängigen, hohen Stellenwertes wissenschaftlicher Experimente. Das geht bei ihm sogar so weit, dass er in seinem Buch behauptet, wir wüssten nur aufgrund von Experimenten, dass die Dinge, die von der Wissenschaft vorhergesagt werden, wirklich existieren. Nur wenn wir Dinge manipulieren, wenn wir mit Dingen interagieren könnten, seien wir sicher, dass es sie auch gibt. Wir kennen das aus dem Alltag: Mein Kollege zum Beispiel kann mir viel von seinem neuen Volvo erzählen und mir gerne auch Fotos zeigen, aber wenn ich gerade in einer skeptischen Phase bin (weil ich weiß, dass mein Kollege auch gern mal Quatsch erzählt), dann glaube ich erst, dass es die Familienkutsche auch wirklich gibt, wenn ich sie anfassen kann und am besten selbst einmal Probe gefahren bin. So in etwa denkt sich Ian Hacking das auch für die Wissenschaft.

Das heißt natürlich auch, dass Ian Hacking kein besonders großer Fan der Astrophysik ist, denn mit Probefahrten sieht es hier schwierig aus: Spätestens jenseits des Sonnensystems ist für uns Schluss. Kein Mensch wird sich aller Voraussicht nach jemals ein supermassereiches Schwarzes Loch aus der Nähe ansehen können. Wir werden nie einen Roten Riesen mit einer Rakete beschießen können und gucken, was passiert. Wir werden nie auf einem Braunen Zwerg stehen und ausprobieren, wie hoch wir springen können.

Langer Rede kurzer Sinn: An jenem Tag, einige Monate nach meiner Uckermark-Erfahrung, stieß ich auf einen philosophischen Aufsatz, den Ian Hacking sechs Jahre nach Veröffentlichung seines Einführungsbuches geschrieben hatte. In ihm vertritt er die Auffassung, dass die Astrophysik etwas ganz Besonderes ist (Yeah!!). So weit, so erfreulich. Der Teufel steckt aber im Detail. Denn der Grund, warum die Astrophysik etwas ganz Besonderes ist, ist laut Hacking, dass wir nicht ohne Weiteres behaupten können, dass es all das, wovon Astrophysiker reden, auch wirklich gibt. Vielleicht existieren Schwarze

Löcher, elliptische Galaxien, Molekülwolken, Galaxienhaufen und Supernovae gar nicht. Vielleicht haben sich Astrophysiker all das nur ausgedacht. Vielleicht lachen wir bald alle darüber.

Bitter. Da will man gerne besonders sein und findet endlich jemanden, der einem das auch bestätigt. Und dann stellt sich heraus, dass diese Besonderheit darin besteht, dass man keine ordentliche Wissenschaft betreibt. Um meine Ehre als Astrophysikerin zu retten, blieb daher nichts anderes übrig, als Hackings These des »Antirealismus« in der Astrophysik genauer nachzugehen.

GIBT ES TISCHE?

Realismus, ausgerechnet. Meine schulische Philosophiekarriere war genau am Realismus gescheitert. In der ersten Stunde der Philosophie-AG hatte sich der Lehrer vor uns hingesetzt, auf den Tisch vor sich gedeutet und gefragt: »Existiert dieser Tisch wirklich?« Dann hatte er bedeutungsschwer in die Runde geblickt. Mit diesem Satz hatte sich damals für mich entschieden, dass Philosophie nichts für mich ist. Schließlich gibt es wirklich Wichtigeres, über das man nachdenken kann, als Fragen, die offensichtlich sinnlos sind. Ich hatte mein ganzes bisheriges Leben lang Tische recht erfolgreich benutzt (normalerweise sogar mehrmals am Tag) und dabei nie irgendwelche Probleme mit ihren Existenzeigenschaften gehabt. Schön, dass es Leute gab, die offenbar ein komplexeres Verhältnis zu Tischen pflegten, aber zu denen wollte ich definitiv nicht gehören. Meine Teilnahme an der Philosophie-AG hatte sich damit schnell erledigt.

Nachdem es mich über Umwege später im Studium dann doch wieder zu den Menschen verschlug, die gerne über Möbel und die Frage ihrer Existenz reden, kam ich allerdings doch nicht umhin, mich etwas genauer mit deren Argumenten auseinanderzusetzen. Das Grundproblem ist offenbar Folgendes: Das meiste, wenn nicht sogar alles, was wir von der Welt wissen, wissen wir durch unsere Sinneserfahrungen. Wir sehen, fühlen, riechen und schmecken die Welt. Aber gleichzeitig wissen wir, dass wir dabei keine hundertprozentige Erfolgsquote aufweisen. Wir können uns jederzeit irren und tun das auch oft. Damit nicht genug, manchmal ist noch nicht einmal klar, ob das, was wir sehen, fühlen, riechen und schmecken, Eigenschaften der Dinge sind, oder ob wir nicht vielmehr der Welt unsere Wahrnehmungseigenschaften aufprägen. Die Wahrnehmung von Farben unterscheidet sich zum Beispiel stark zwischen Menschen und verschiedenen Tierarten. Wenn wir einen roten Ball sehen, ist dieser Ball dann wirklich rot? Wir haben hier offenbar ein grundsätzliches Handicap: Zwischen uns und der Welt stehen immer unsere Sinne, und die sind sehr spezifisch menschlich. Wie die Welt ist, ohne dass irgendjemand sie beobachtet, ohne dass ich sie beobachte, kann ich so ohne Weiteres nicht sagen. Ich nehme an, dass meine Wahrnehmung ziemlich nah dran ist an der Wirklichkeit. Aber wie kann ich sicher sein? Vielleicht würde ich die Welt völlig anders wahrnehmen, wenn ich 200 Jahre früher geboren worden wäre. Mit Sicherheit nähme ich sie anders wahr, wenn ich eine Fledermaus wäre. Aber wie ist die Welt denn nun wirklich?

Mit diesem Gedankengang sind wir dann ziemlich schnell bei Filmen wie *Matrix*, wo unsere Welt eine computergenerierte Scheinwelt ist, die von bösen Intelligenzen künstlich in unseren Gehirnen generiert wird. Vielleicht sind wir alle nur eingelegte Gehirne, die durch neurologische Impulse davon überzeugt werden, sie würden in einer realen Welt existieren und handeln. Wer weiß das schon? Wenn wir ehrlich sind, niemand. Aber wenn das so wäre, dann hätte mein alter Philosophielehrer die Frage nach der Existenz des Tisches zu Recht gestellt, so viel ist klar. Gleichzeitig muss man aber sagen: Davon auszugehen, dass es so ist, bringt einen auch nicht so richtig weiter.

Neulich habe ich eine Freundin zum Teetrinken besucht. Wir saßen in ihrer wunderschönen Altbauwohnung in Berlin-Mitte auf einem alten Plüschsofa. Auf dem massiven, alten Holztisch vor uns dampfte der Kräutertee, während auf meinem Schoß die Langhaarkatze schnurrte und mich und das Sofa langsam mit den Haaren bedeckte, die ich aus ihrem Fellwust streichelte. In diese gemütliche Atmosphäre hinein behauptete meine Freundin plötzlich, sie sei davon überzeugt, dass das Bücherregal in meinem Rücken nicht mehr existiere, sobald sie wegschauen würde. Die Freundin ist Künstlerin. Man muss sich bei solchen Aussagen also keine Sorgen machen, die will nur spielen, gedanklich. Aber angenommen, es wäre so, wie sie sagt, müsste sie nicht in permanenter Angst um ihre Bücher leben? Wahrscheinlich nicht, denn sobald sie in Kontakt mit ihrem Regal tritt, ist ja alles wieder so wie vorher. Aber wie ist es dann mit ihrer Katze? Wäre das arme Tier nicht völlig traumatisiert von einem ständig verschwindenden und wieder erscheinenden Bücherregal? Oder erscheint das Regal auch immer dann, wenn die Katze im Raum ist? Was wäre, wenn man vom Nebenraum aus mithilfe einer Fernbedienung ein Foto auslöst? Wäre auf dem Foto eine leere Wand oder das Regal? Es kristallisierte sich heraus, dass es für uns keine Möglichkeit geben würde, nachzuweisen, dass das Regal meiner Freundin nicht da ist, wenn niemand hinschaut. Da würde ich dann als Nicht-Künstlerin sagen: »So what?« Für mich persönlich ergibt eine Welt sehr viel mehr Sinn, die sich nicht permanent wieder aufbauen muss. Es ist die beste Erklärung, die mir dafür einfällt, warum, wenn ich wegschaue und wieder hinschaue, alles so ist wie vorher. So weit zu Tischen und Regalen. Die haben wir im Griff, würde ich einfach mal sagen. Aber wie ist es mit Elektronen und Quarks?

DIE EXISTENZ DES UNSICHTBAREN

Wenn Ian Hacking, mein zweifelhafter Unterstützer der These, dass Astrophysik etwas Besonderes ist, sich als Wissenschaftsphilosoph mit dem Realismusproblem beschäftigt, dann ging es ihm natürlich nicht um Alltagsmöbel. Sein Problem war vielmehr die Frage, wie wir mit dem umgehen, was in den Wissenschaften zur Erklärung der Welt zwar postuliert wird, wir aber nicht direkt wahrnehmen können. Gibt es wirklich Lichtquanten, Neutrinos, das Higgs-Teilchen, die vierdimensionale Raumzeit oder Dunkle Materie? Oder sind diese wissenschaftlich motivierten Objekte nichts weiter als Hilfsmittel, die wir nur erfunden haben, um direkt wahrnehmbare, makroskopische Phänomene zu erklären und vorherzusagen?

Die potenzielle Skepsis mag auch dadurch genährt werden, dass sich einige der in der Vergangenheit wissenschaftlich beschriebenen Phänomene im Laufe der Zeit tatsächlich als nicht existierend herausgestellt haben. Chemiker gingen im späten 17. und im 18. Jahrhundert zum Beispiel davon aus, dass es eine Substanz geben muss, die brennbaren Materialien bei der Verbrennung entweicht. Diese Substanz nannten sie »Phlogiston«. Heute weiß man: Phlogiston gibt es nicht. Was man zur Erklärung von alltäglichen Verbrennungsprozessen braucht, ist ein Verständnis der Rolle von Sauerstoff. Ein anderes berühmtes Beispiel ist der Äther, von dem man noch Anfang des letzten Jahrhunderts annahm, er würde das gesamte Universum ausfüllen, bevor Albert Einstein ihn in seiner speziellen Relativitätstheorie durch eine vierdimensionale Raumzeit ersetzte. Einige Wissenschaftler sind der Meinung, dass auch die Dunkle Energie und die Dunkle Materie, die heute Bestandteil kosmologischer Theorien sind, in Wirklichkeit gar nicht existieren. Man muss zugeben, ein Urteil über diese Fragen zu fällen ist schwieriger, als sich über die Existenz eines Tisches zu einigen.

Allerdings ist man nicht gleich Antirealist, wenn man an der Existenz von einzelnen, in den Wissenschaften zu findenden Phänomenen zweifelt. Man kann zum Beispiel durchaus der Ansicht sein, dass wir heute mit der Annahme von Dunkler Energie und Dunkler Materie auf dem falschen Weg sind und sich beide Konzepte früher oder später als falsch herausstellen werden. Wenn man dabei Anhänger eines wissenschaftlichen Realismus ist, ist man trotzdem der Meinung, dass unsere Wissenschaften im Großen und Ganzen der wahren Natur unserer Welt auf der Spur sind, auch wenn der eine oder andere Umweg über gelegentliche Irrtümer nicht immer vermieden werden kann. Ein Antirealist würde dieses Statement nicht unterschreiben, denn für einen typischen Antirealisten ist das, was wissenschaftliche Theorien über nicht wahrnehmbare Dinge und Prozesse behaupten, reine Fiktion. Allerdings würde auch ein Antirealist zugeben, dass diese »Fiktionen« überaus nützlich sein können, um das zu erklären, was wir wahrnehmen können. Man sollte sich nur davor hüten, von diesem praktischen Erfolg auf die Wahrheit wissenschaftlicher Theorien schließen zu wollen.

Interessant ist aber natürlich, dass sich die Grenze des Nicht-Wahrnehmbaren mit der Zeit verschiebt. Vor etwas mehr als 100 Jahren mag man noch gute Gründe gehabt haben, an der Existenz der unbeobachtbaren Atome zu zweifeln (und nicht wenige Wissenschaftsphilosophen ließen es sich nicht nehmen, dies auch ausgiebig zu tun). Heute kann man Atome im Elektronenmikroskop sichtbar machen. Man nimmt damit zwar Atome immer noch nicht »direkt« wahr, denn zwischen dem sichtbaren Bild und der mikroskopischen Struktur steckt ein komplizierter, theorieabhängiger Abbildungsprozess, aber wer einmal ein Kristallgitter im Elektronenmikroskop gesehen hat, dem wird es vermutlich eher schwerfallen, seine Existenz vollkommen abzustreiten. Genauso scheint es heute kaum mehr möglich, wie vor 100 Jahren die Existenz anderer Galaxien anzuzweifeln, denn nicht zuletzt mit leistungsstarken Beobachtungsinstrumenten wie dem Hubble Space Telescope kann man heute eine enorme Anzahl von Galaxien unterschiedlichster Gestalt und verschiedenster Entwicklungsstufen beobachten. Die wissenschaftlichen Realisten scheinen also einige Punktsiege eingefahren zu haben. Aber trotzdem gibt es auch heute noch eine Grenze zum nicht mehr Wahrnehmbaren: Das Higgs-Teilchen hat sich nur durch eine Signatur in den Zerfallsdaten der im Large Hadron Collider ablaufenden Protonenkollisionen gezeigt. Reicht uns das, um an seine Existenz zu glauben, oder machen die Teilchenphysiker sich und uns hier nur etwas vor? Die Dunkle Materie heißt so, weil wir sie nicht sehen können. Sie wechselwirkt nicht mit elektromagnetischer Strahlung. Reichen uns die indirekten Nachweise, die zeigen, dass da etwas sein muss, das nur durch seine Gravitation mit dem Rest des Universums in Verbindung steht? Hier trennt sich die Skeptiker-Spreu vom momentan die Mehrheit stellenden Optimisten-Weizen. Entweder man sagt, dass diese wissenschaftlichen Theorien mit der Wahrheit nichts zu tun haben und die Wissenschaftler Hirngespinsten nachjagen. Oder man glaubt, dass wir auf dem richtigen Weg sind und es nur eine Frage der Zeit ist, bis sich die wahre Natur dieser theoretischen Konstrukte für uns aufklärt.

Der Philosoph Ian Hacking ist wissenschaftlicher Realist. Zumindest solange es nicht um die Astrophysik geht. Der Grund dafür ist nach eigenen Angaben autobiografischer Natur. Ein Freund berichtete Hacking von einem Experiment, das Quarks nachweisen sollte. Dafür wurde eine Kugel aus Niob, einem Schwermetall, mit Elektronen besprüht. Die Tatsache, dass man Elektronen standardisiert versprühen kann, ließ es für Hacking unsinnig erscheinen, an der Existenz von Elektronen zu zweifeln. »Wenn man sie versprühen kann, dann sind sie real.« Wenn

man etwas als Werkzeug nutzt, das heißt, wenn man sich so gut mit den Ursachen und Wirkungen von etwas auskennt, dass man es gezielt für eigene Zwecke einsetzen kann, dann muss es auch existieren. Denn dass ich etwas als Werkzeug benutze, setzt voraus, dass ich mich blind auf mein Verständnis des fraglichen Objektes verlassen kann. Ich weiß genau, wie es reagiert, es gibt keine unerwarteten Überraschungen. Das scheint durchaus dafür zu sprechen, dass es auch in der Form existiert, die ich mir vorstelle. Wenn ich Radio hören kann, muss es elektromagnetische Wellen geben. Wenn ich meinen Plasmabildschirmfernseher anschalten kann, dann muss es wohl Ionen geben.

KEINE EXPERIMENTE!

Wir werden nie Zwergplaneten und Schwarze Löcher »versprühen« können, wenn man diesen Ausdruck als Synonym für experimentelle Manipulation versteht. Schlimmer noch, der allergrößte Teil des Universums (und das Universum ist bekanntlich groß) wird sich für immer jeder denkbaren Interaktion mit uns entziehen. Wir können Sonden auf den Weg schicken und darauf warten, dass sie irgendwann unser Sonnensystem verlassen. Wir können Nachrichten ins Weltall schicken und hoffen, dass irgendwer sie irgendwann entschlüsselt. Aber die Relativitätstheorie lässt weiter reichende Hoffnungen auf die interaktive Eroberung des Universums wenig aussichtsreich erscheinen. Schließlich gibt es mit der Lichtgeschwindigkeit ein Maximum möglicher Reisegeschwindigkeiten. Und selbst dieses Maximum können wir nicht wirklich erreichen. Denn je schneller etwas fliegt, desto massereicher wird es gemäß der Relativitätstheorie. Energie, die man in weitere Beschleunigung steckt, wird zu einem immer größer werdenden Anteil in Masse umgewandelt statt in eine höhere Geschwindigkeit, je weiter sich die Geschwindigkeit der Lichtgeschwindigkeit annähert. Beschleunigung wird demnach immer schwieriger und immer energieintensiver.

Aber selbst wenn wir annehmen, dass wir mit Lichtgeschwindigkeit unterwegs sein könnten, wäre nicht sehr viel gewonnen. Wir wären in etwa einer Sekunde auf dem Mond, in acht Minuten bei der Sonne. Schon allein zum nächsten Stern wären wir etwas mehr als vier Jahre unterwegs. Zum Zentrum unserer Milchstraße knapp 30 000 Jahre. Das heißt, wenn die Cromagnonmenschen, anstatt ihre Zeit mit Höhlenmalereien zu verschwenden, ein Raumschiff entwickelt hätten, das sich mit Lichtgeschwindigkeit fortbewegt, dann würden ihre Nachfahren heute erst in das supermassereiche Schwarze Loch im Zentrum unserer Galaxie stürzen. Zu den nächsten Zwerggalaxien, der kleinen und großen Magellanschen Wolke, die man auf der Südhalbkugel mit bloßem Auge als nebelhafte Flecken am Nachthimmel sieht, wäre man knapp 200 000 Jahre unterwegs, also einmal die gesamte Menschheitsgeschichte lang. Und zu Andromeda, der nächsten Spiralgalaxie, unglaubliche 2,5 Millionen Jahre. Und dann wäre man immer noch nicht weiter gekommen als bis zu unserem allernächsten kosmischen Nachbarn.

Wir müssen uns also wohl oder übel damit abfinden, dass wir in Erdnähe festsitzen und nicht sehr viel tun können, um das Universum aktiv zu erkunden und zu manipulieren. Dass wir nur mit den Informationen arbeiten können, die das Universum von sich aus zu uns sendet. Gott sei Dank ist das aber immer noch eine ganze Menge. Die Hauptinformationsquelle, die wir Astrophysiker nutzen, ist elektromagnetische Strahlung. Während historisch erst einmal das sichtbare Licht wissenschaftlich ausgewertet wurde, können wir heute praktisch das gesamte Spektrum nutzen, von langwelliger Mikrowellen- bis zu kurzwelliger Gammastrahlung, auch wenn dafür in Wellenlängenbereichen, die durch die Erdatmosphäre geblockt werden, Satelliten genutzt werden müssen. Darüber hinaus erreichen uns aus dem All schnelle Elementarteilchen und Atomkerne, die sogenannte kosmische Strahlung, die permanent auf die Erde einprasselt. Daneben empfangen wir Neutrinos, die allerdings sehr schwer zu detektieren sind, da sie nur sehr schwach mit anderer Materie wechselwirken. Und als ganz neuen Informationskanal haben wir jetzt endlich die Gravitationswellen erschlossen, die in den nächsten Jahrzehnten einen neuen empirischen Zweig der Astrophysik begründen werden.

Allerdings ändert diese Vielzahl von Informationsträgern nichts daran, dass wir mit den allermeisten kosmischen Phänomenen keine Experimente machen, sie also nicht manipulieren und Bedingungen verändern können, um zu sehen, was passiert. Für Ian Hacking ist das Grund genug, den Astrophysikern nicht zu glauben.

KOSMISCHE VERSCHWÖRUNG

Dass Astrophysiker keine Experimente im engeren Sinn machen können, weil die Objekte, die sie verstehen wollen, einfach viel zu weit weg sind, ist nicht das Einzige, was Ian Hacking an der Astrophysik stört. Ihn überzeugen astrophysikalische Forschungsergebnisse auch deshalb nicht, weil die Astrophysiker für seinen Geschmack viel zu viele Modelle und Simulationen benutzen, aber dazu später mehr. Die meiste Energie investiert er in seinem Aufsatz in ein Argument, das man in einem Satz zusammenfassen kann: »Das Universum könnte auch ganz anders sein, und niemand würde es merken.«

Ein bisschen erinnert es an Verschwörungstheorien, die ja als gemeinsames Motiv haben, dass alles eigentlich ganz anders ist, als alle behaupten. Alle denken, wir seien auf dem Mond gelandet, dabei wurde die Mondlandung angesichts der damals

für eine wirkliche Landung unzureichenden Technik in einem geheimen Fernsehstudio gedreht. Alle denken, Elvis Presley sei tot, dabei lebt er seit Jahrzehnten friedlich auf einer Südseeinsel. Verschwörungstheorien können nur funktionieren, weil es zu bestimmten, offensichtlichen Beobachtungen mindestens zwei verschiedene Geschichten gibt, die die Beobachtungen erklären könnten und die beide erst einmal grundsätzlich plausibel klingen, zumindest wenn man sich auf das beschränkt, was man selbst sicher wissen kann oder zu wissen glaubt. Ian Hacking entwirft so eine Art Verschwörungstheorie für das Universum: Was wäre, wenn es Objekte gäbe, die wir nicht sehen können, die aber all das Licht, das uns aus dem Universum erreicht, systematisch verzerren? Wir gingen davon aus, dass das Licht uns ungestört erreicht und dass wir daraus etwas über die Phänomene im Universum lernen können. Aber durch die Veränderung des Lichts auf dem Weg, von der wir nichts wissen und nichts wissen können, würde unser gesamtes, vermeintliches

Verständnis fehlerhaft. Ein großer Teil der Astrophysik wäre dann falsch und wir hätten keine Ahnung davon.

Man kann sich das so ähnlich vorstellen wie im Kinofilm *Good Bye, Lenin!*, wo in einer ostdeutschen Familie ein Sohn seiner kranken Mutter den Zusammenbruch der DDR verschweigt, damit sie sich nicht aufregt und ihre Gesundheit gefährdet. Um zu verhindern, dass die Mutter die Wahrheit erfährt, muss er entsprechend alle Informationen, die die Mutter erreichen, so manipulieren, als würde es die DDR noch geben. Da die Mutter aufgrund ihrer Krankheit nicht sonderlich mobil ist, gelingt es dem Sohn, diese Illusion eine Zeit lang aufrechtzuerhalten. In Hackings Vorstellung wären wir also gewissermaßen in der Position der bettlägerigen Mutter (die Wohnung wäre unser Sonnensystem), und wir wären Täuschungsmanövern hilflos ausgeliefert, die die Welt für uns ganz anders erscheinen lassen, als sie ist.

Ian Hacking kreiert dieses bedrohliche Szenario nicht völlig ohne Grundlage. Als er seinen Aufsatz Ende der 1980er-Jahre schrieb, entstand gerade das Gebiet der Gravitationslinsenforschung. Gravitationslinsen sind Massen, die den Raum gemäß der allgemeinen Relativitätstheorie so krümmen, dass das Licht durch sie abgelenkt und verstärkt wird. Der Effekt von Gravitationslinsen ist damit ganz ähnlich wie der von optischen Linsen. Wenn wir eine Lichtquelle beobachten und sich zwischen uns und der Quelle ein massereiches Objekt befindet, dann wird das Licht durch dieses Objekt beeinflusst. Normalerweise sehen wir aber, wann das der Fall ist, insbesondere bei sehr massereichen Gravitationslinsen wie zum Beispiel Galaxien. Dann wird die Richtung des Lichtstrahls durch die Linse verändert, und man sieht das Objekt, von dem das Licht ausgesendet wird, mehrfach oder manchmal auch als Ring, wenn sich das Objekt ganz genau hinter der Linse befindet. Diese Fälle sind also nicht geeignet, um eine Verschwörungstheorie zu konstruieren: Man sieht, wann es eine Gravitationslinse gibt, und kann deren Effekt berücksichtigen.

Die mysteriösen Objekte, die unsere astronomische Erkenntnis potenziell boykottieren, sind laut Hacking sogenannte Mikrolinsen, das heißt weniger massereiche Gravitationslinsen wie Planeten oder hypothetische Dunkle Sterne. Der Effekt dieser Mikrolinsen ist so schwach, dass man die Ablenkung des Lichtes nicht sieht, trotzdem wird die Stärke des Lichts durch die Linse beeinflusst. Hier haben wir nun also tatsächlich zwei verschiedene Situationen, die für uns gleiche Beobachtungen hervorrufen würden: Ein lichtschwaches Objekt erschiene uns mit verstärkender Mikrolinse genauso wie ein lichtstärkeres Objekt ohne Linse. Analog zur Filmsituation: Für die Mutter im Bett erscheint das Leben in der zusammengebrochenen DDR zusammen mit den kontrollierenden Aktivitäten ihres Sohnes genauso wie das Leben in einer noch existierenden DDR, sie

kann zwischen beiden Situationen nicht unterscheiden. Wenn wir keine Möglichkeit hätten, festzustellen, ob sich zwischen uns und dem Objekt eine Mikrolinse befindet, könnten wir ebenfalls nicht unterscheiden, ob wir ein lichtstarkes oder ein lichtschwaches Objekt mit unsichtbarer Linse sehen. Wir könnten uns also nicht mehr auf Messungen der Lichtstärke kosmischer Objekte verlassen. Das wäre natürlich eine absolute Katastrophe, denn aus der Lichtstärke folgern wir ziemlich viel, zum Beispiel die in der Quelle ablaufenden physikalischen und chemischen Prozesse. Es würde bedeuten, dass ein großer Teil der Informationen, die uns aus dem Universum erreichen, unter Umständen manipuliert ist, ohne dass wir wissen, wann und wie. Wir wären sozusagen Opfer einer Verschwörung kosmischen Ausmaßes. Einer Verschwörung, die wir nicht aufdecken könnten, weil wir hier im Sonnensystem festsitzen und nicht vor Ort nachprüfen können, was genau passiert auf dem Weg zwischen den Objekten, die wir beobachten, und uns. Ian Hacking würde triumphierend feststellen: Wenn ihr experimentieren könntet, wenn ihr einfach nachschauen könntet, was zwischen euch und der Quelle mit dem Licht passiert, dann wäre euch Astrophysikern das alles nicht passiert. Bettlägerigen Patienten kann man besser etwas vormachen als mobilen.

ERKENNTNISWERKZEUGE IM WELTALL

Gott sei Dank können wir aber Entwarnung geben. Alles ist gut. Heute, mehr als 25 Jahre später, wissen wir, dass wir uns keine Sorgen machen müssen, dass Mikrolinsen unseren Erkenntnisprozess sabotieren. Der entscheidende Punkt ist, dass es sehr wohl möglich ist, sie eindeutig zu identifizieren. Dabei nutzt man die Tatsache, dass sich Linse und Hintergrundobjekt relativ zueinander bewegen. Das bedeutet, dass der Störeinfluss der Linse ein zeitabhängiges Phänomen ist: Wenn sich die Mikrolinse vor die Hintergrundquelle schiebt, wird das Licht heller – und dann wieder dunkler, sobald die Quelle hinter der Linse wieder auftaucht. Mittlerweile wurden Technologien entwickelt, mit denen solche Lichtkurven problemlos aufgezeichnet werden können. Gleichzeitig hat sich das Feld der Gravitationslinsenforschung weiterentwickelt, sodass die entsprechenden Lichtkurven theoretisch sehr gut verstanden sind und dafür genutzt werden können, zusätzliche Informationen über die Quelle und die Linse zu erhalten. Man sieht, dass auch in der Wissenschaft gilt, was man aus dem Alltag kennt: Manche Probleme lösen sich mit der Zeit von allein. Die Wissenschaft entwickelt sich weiter, die Technologie schreitet voran, und Fragen, von denen man vor 25 Jahren noch dachte, sie wären nicht zu beantworten, beantworten sich plötzlich fast von selbst, einfach weil wir Dinge besser verstehen und besser beobachten können.

Der Mikrolinseneffekt wird heute zum Beispiel dafür genutzt, nach sonst nicht sichtbarer Materie zu suchen, die sich nur durch ihre Wirkung auf das Licht der Hintergrundquelle bemerkbar macht. Sogar bei der Suche nach extrasolaren Planeten, also Planeten, die um fremde Sterne kreisen, kann man Mikrolinsen einsetzen – da sich solche Planeten in der beobachteten Lichtkurve bemerkbar machen können, wenn der Stern samt Planet als Mikrolinse vor einem Hintergrundobjekt vorbeiwandert. Kürzlich gelang es außerdem, mithilfe des Mikrolinseneffekts die Masse eines Weißen Zwergs exakt zu vermessen. Man kann es durchaus als Ironie des Schicksals verstehen, dass gerade Hackings Mikrolinsen heute als Hilfsmittel genutzt werden, um das Universum zu erforschen.

Gut, wir können Mikrolinsen nach wie vor nicht »versprühen« wie die Elektronen, die dadurch ja für Hacking real wurden, so weit geht die Werkzeuganalogie dann doch nicht, aber macht das wirklich einen Unterschied? Eine Eigenschaft, die Hacking an den Elektronen besonders hervorgehoben hatte, war, dass wir die Ursachen und Wirkungen des Verhaltens der Elektronen so gut verstehen, dass wir sie systematisch zur Beeinflussung anderer Bereiche der Natur einsetzen können. Auch wenn wir die Mikrolinsen nicht wirklich aktiv einsetzen, können wir aus unserem Verständnis der Mikrolinsen zusammen mit deren Beeinflussung des Lichts von Hintergrundobjekten neues Wissen erlangen. Und Mikrolinsen sind ja nicht die einzigen astrophysikalischen Objekte, die wir als »Werkzeuge« nutzen, um andere Phänomene zu erforschen. Wir nutzen zum Beispiel die Bewegungen von Sternen im galaktischen Zentrum, um die Masse des supermassereichen Schwarzen Lochs im Zentrum unserer Galaxie zu messen, wir nutzen die Strahlung bestimmter Moleküle als kosmisches »Thermometer« (da die relative Stärke der Spektrallinien eines Moleküls von der Temperatur abhängt), wir nutzen Spektrallinien als Geschwindigkeitsmesser. Wir können alle diese Phänomene zwar nicht aktiv beeinflussen, aber unser theoretisches Verständnis ist groß genug, dass wir berechtigtes Vertrauen in die Existenz und die Nutzbarkeit dieser Phänomene haben.

Fazit 1 scheint also zu sein: Wenn wir mit Hacking sagen, dass Elektronen real sind, dann können wir auch sagen, dass Planeten und Sterne und interstellare Molekülwolken real sind. Aber lautet dann Fazit 2, dass es eigentlich gar keinen großen Unterschied gibt zwischen der Astrophysik und den experimentellen Disziplinen? Hm. Sollte es gerade Ian Hacking gelungen sein, mich von meiner These der Andersartigkeit der Astrophysik abzubringen? Hatten die Kollegen in der Uckermark also richtiggelegen? Oder gibt es vielleicht doch noch einen Unterschied zwischen aktivem Experiment und passiver Beobachtung? Es bleibt schließlich der Punkt, dass wir nichts manipulieren, aktiv austesten, ein- und ausschalten können. Spielt diese fehlende Möglichkeit wirklich gar keine Rolle für den Erkenntnisprozess der Astrophysik?

ooo

Das Telefonat mit meinem Vater geht weiter. Und ich muss zugeben, dass er mit seiner Skepsis nicht ganz unrecht hat:

»Ja, du hast recht, hinfliegen und das Schwarze Loch wiegen kann man leider nicht, das wäre natürlich am elegantesten.«

»Na ja eben.«

»Das Einzige, was man machen kann, ist, etwas zu beobachten, das von der Masse des Schwarzen Lochs in bekannter Art und Weise beeinflusst wird. Das ist aber ja auch das, was man macht, wenn man auf eine Waage steigt.«

»Stimmt, bei einer Waage wird der Zeiger umso stärker ausgelenkt, je stärker die Oberfläche der Waage nach unten gedrückt wird. Und je schwerer ich bin, desto stärker drücke ich nach unten.«

»Beim Schwarzen Loch wird natürlich kein Zeiger ausgelenkt. Aber die Materie in der Nähe des Schwarzen Lochs wird durch das Schwarze Loch angezogen. Die Masse des supermassereichen Schwarzen Lochs im Zentrum unserer Galaxie hat man zum Beispiel dadurch bestimmt, dass man die Bewegungen der Sterne in der Nähe des Schwarzen Lochs beobachtet hat. Und diese Bewegungen sind verschieden, je nachdem wie schwer das Schwarze Loch ist.«

»Und so kann man dann tatsächlich derartig präzise die Masse feststellen?«

»Im Prinzip ja.«

»Aber manchmal ist eine Waage ja auch falsch und zeigt zum Beispiel ein höheres Gewicht an, als ich wirklich habe. Dann kann ich, wenn ich will, mit einer zweiten Waage überprüfen, ob die Waage richtig geht. Könnte so etwas auch bei einem Schwarzen Loch passieren? Hier kann man ja nicht einfach die Waage wechseln.«

2

WAS KÖNNEN WIR WISSEN?

LOB AUF DIE EINFACHSTE ERKLÄRUNG

Hackings Mikrolinsenbeispiel gelingt es also nicht, der Astrophysik ein allgemeines Erkenntnisproblem nachzuweisen. Angriff abgewehrt. Gleichzeitig ist Hacking aber auch nicht der Erste, der eine Schwäche für Verschwörungstheorien in der Wissenschaft offenbart. Das Problem ist, dass es im Prinzip immer möglich zu sein scheint, sich mehrere Erklärungen für die gleichen vorliegenden Fakten, für die gleichen Daten zu überlegen. Dieses Problem gibt es in allen Bereichen der Wissenschaft, nicht nur in der Astrophysik. In seiner radikalen Form denkt man sich dabei zwei verschiedene Theorien, die in wirklich allen überprüfbaren Vorhersagen übereinstimmen, aber trotzdem verschieden sind, sodass es nie möglich sein wird, festzustellen, welche von beiden stimmt. Philosophen nennen das Unterdeterminiertheit: Eine Theorie ist durch die vorliegenden Daten nicht eindeutig festgelegt.

Damit sind wir tatsächlich wieder zurück bei den potenziell nicht wirklich existierenden Tischen und der Vorstellung, dass wir uns in einer ziemlich üblen Situation befinden, was das Verständnis der Welt angeht. Denn das *Matrix*-Beispiel funktioniert genau deshalb, weil wir es hier mit zwei verschiedenen, ununterscheidbaren Erklärungen der gleichen Fakten zu tun haben. Angenommen, unsere Welt ist nur eine Simulation. Dann werden sich die Schöpfer schon ordentlich angestrengt haben, es den Bewohnern ihrer Simulation möglichst schwer zu machen,

die wahre Natur ihrer Umwelt aufzudecken. Entsprechend werden uns die empirischen Daten, die wir haben, wenig helfen können bei der Beantwortung der Frage, ob unsere Welt in Wirklichkeit nur aus Nullen und Einsen besteht.

Tatsächlich gibt es heute Wissenschaftler, die sich mit dieser Möglichkeit auseinandersetzen und zu ergründen versuchen, wie man herausfinden könnte, dass unsere Welt in Wirklichkeit nur ein riesiges Computerprogramm ist. Aber um auch nur die Möglichkeit zu haben, zwischen einer realen und einer simulierten Welt zu unterscheiden, muss man annehmen, dass es bei der Simulation irgendwelche Probleme gegeben hat: zum Beispiel dass es numerische Artefakte geben müsste, also beobachtbare Fehlstellen in der Matrix. Oder dass die numerische Auflösung nicht hoch genug ist, weil der Computer, auf dem unsere Welt berechnet wird, keine unendlich große Rechenleistung hat. Aber was machen wir, wenn die Simulatoren uns nicht den Gefallen getan haben, sich durch derartige Probleme zu verraten? Und was wäre, wenn unsere heutigen Computer gar keine Ähnlichkeit haben mit dem Welt-generierenden Supercomputer? Tja. Dann haben wir schlechte Karten.

Wenn man erst einmal anfängt, Beispiele für die Unterdeterminiertheit unserer Realitätskonzeption zu ersinnen, ist es nicht mehr weit zum Verfolgungswahn. Es ist nicht unbedingt gesund, dauernd davon auszugehen, dass alles in Wirklichkeit ganz anders ist. Andererseits gibt es von Zeit zu Zeit tatsächlich Fälle wie Hackings Mikrolinsen, bei denen verschiedene wissenschaftliche Theorien zu einem bestimmten Zeitpunkt ununterscheidbar erscheinen. Aber wie man bei den Mikrolinsen gesehen hat, löst sich das Problem oft früher oder später von selbst, weil sich die Beobachtungstechnologie weiterentwickelt und sich auch unser theoretisches Verständnis verändert, sodass Tests möglich werden, die zwischen beiden konkurrierenden Theorien unterscheiden können.

Zusätzlich gibt es in der Wissenschaft noch eine weitere Strategie, zwischen verschiedenen Theorien auszuwählen, selbst wenn sie dieselben Daten erklären können: den Schluss auf die beste Erklärung. Wenn es verschiedene Erklärungsvarianten gibt, nimmt man normalerweise diejenige, durch welche die vorliegenden Daten am besten, das heißt am einfachsten erklärt werden können und am wahrscheinlichsten erscheinen. Auch das kennt man wiederum aus dem Alltag. Wenn meine beste Freundin auf Facebook ein Foto postet, das sie vor den Maya-Pyramiden in Mexiko zeigt, dann gehe ich davon aus, dass sie dort gerade im Urlaub ist, und nicht, dass das Foto vor einer Fotokulisse in einem Fotostudio aufgenommen wurde. Oder dass das Foto ihre mir bisher unbekannte Zwillingsschwester zeigt, die gerade in Mexiko ist. Letztere Erklärungen wären einfach sehr viel weniger wahrscheinlich und naheliegend im Vergleich zur ersten.

Kinder haben für diese Art von Wahrscheinlichkeitsschluss

dagegen oft noch nicht das richtige Gespür. Meine Eltern erzählen immer wieder gerne die Geschichte, dass mir als Kleinkind die Schreibmaschine meiner Mutter auf den Boden gefallen war und ich das dadurch erklärte, dass die fast erwachsene Tochter der Nachbarn in unser Haus gekommen war, um die Maschine vom Tisch zu schubsen. Obwohl ich im Rückblick betonen muss, dass die verfügbaren empirischen Daten zunächst keinerlei Entscheidung zwischen beiden Theorien nahelegten, gingen meine Eltern trotzdem sofort davon aus, dass es bei dem Unfall keinerlei Beteiligung der Nachbarstochter gegeben hatte und ich die Hauptperson war.

Wir fahren mit dieser Strategie des Schlusses auf die beste Erklärung im Allgemeinen recht gut. Aber philosophisch wasserdicht ist das natürlich nicht. Wer sagt uns denn, dass die Welt sich möglichst einfach verhält und dass nicht manchmal auch ziemlich unwahrscheinliche Dinge der Fall sind? Da ist es hilfreich, wenn man Wissenschaftler ist und nicht Philosoph, denn dann kann man sagen: Das ist uns erst einmal egal. Denn zumindest in der Wissenschaft ist es gar nicht so einfach, sich funktionierende Alternativtheorien auszudenken. Es muss ja trotzdem noch alles konsistent und passend bleiben in Bezug auf unsere zahlreichen und vielfältigen empirischen Daten und Tests. Auch wenn es im Prinzip möglich sein sollte, erscheint es praktisch unwahrscheinlich, dass all das, was wir heute denken, völlig falsch ist. Und wenn wir mit unserer Methode des Schlusses auf die beste Erklärung doch noch ernsthafte Probleme bekommen sollten, sprechen wir später weiter.

WENN EINFACH NUR DAS KABEL
NICHT STECKT

Die »globale« Form von Unterdeterminiertheit ist ein Problem, das es prinzipiell überall in der Wissenschaft geben kann, nicht nur in der Astrophysik. In sämtlichen Bereichen kann man Alternativtheorien konstruieren, die zu den gleichen Beobachtungsdaten führen. Warum war Hacking also der Meinung, dass dieses Problem in der Astrophysik besonders akut ist? Sofern sich Hacking hier nicht einfach geirrt hat, muss es ja doch noch eine Rolle spielen, dass die Astrophysik eine reine Beobachtungswissenschaft ist. Für die globale Form der Unterdeterminiertheit ist das relativ egal: Wenn zwei Theorien in allen möglichen Beobachtungen äquivalent sind, spielt es keine Rolle, welchen Zugang man zu Beobachtungsdaten hat. Die Theorien sind ja per Definition immer ununterscheidbar, egal, welche Daten man sammelt.

Es gibt aber auch noch eine schwächere Form von Unterdeterminiertheit, die etwas näher an Problemen des täglichen Lebens ist. Angenommen, ich prüfe eine Hypothese, zum Beispiel, dass ich abnehme, wenn ich jeden Morgen zum Frühstück ungesüßte Haferflocken esse. Nach einem Monat habe ich drei Kilo zugenommen. Ich könnte also schlussfolgern, dass die Haferflocken doch nicht beim Abnehmen helfen. Dann macht mich aber meine Kollegin darauf aufmerksam, dass ich im letzten Monat während der Arbeit ungewöhnlich viel Schokolade gegessen habe und das vielleicht eher der Grund für die Gewichtszunahme gewesen ist. Das klingt plausibel. Ich sollte den Test also noch einmal machen, ohne parallel besonders viel Schokolade zu essen, um eine bessere Einschätzung der Wirkung von Haferflocken auf mein Gewicht zu bekommen.

Das allgemeine Problem, das sich in dem Beispiel zeigt, ist: Wenn ich eine Hypothese teste, dann ist nicht allein die Hypothese für den Ausgang des Tests verantwortlich, sondern noch eine ganze Reihe anderer Faktoren. Eigentlich müsste ich alle diese gesondert testen. Ein prominentes wissenschaftliches Beispiel ist das OPERA-Experiment, bei dem 2011 in Italien angeblich gemessen wurde, dass sich Neutrinos schneller als mit Lichtgeschwindigkeit fortbewegten. Die Messdaten schienen diesen Schluss eindeutig nahezulegen, das Team hatte alle möglichen alternativen Erklärungen durchdacht und geprüft und entschied sich schließlich, mit dem Ergebnis an die Öffentlichkeit zu gehen. Eine wissenschaftliche Sensation. Kurze Zeit später stellte sich heraus, dass es doch noch eine andere Erklärung für die Ergebnisse gab, und zwar ein lockeres Kabel. Dieses Kabelproblem führte dazu, dass das GPS-System, mit dem die Ankunftszeit der Neutrinos im Experiment bestimmt wurde, nicht korrekt arbeiten konnte (offiziell war von einem lockeren Kabel übrigens nicht die Rede, diese Information stammte angeblich aus internen Quellen. In der Pressemitteilung der verantwortlichen CERN-Organisation wurde lediglich von Problemen gesprochen, die die vorherigen Resultate entkräften würden).

Bei der Bekanntgabe der überlichtschnellen Neutrinos war man davon ausgegangen, dass alle Kabel korrekt verbunden sind. Das war natürlich nur eine stillschweigende Voraussetzung unter ziemlich vielen. Zum Beispiel erwartete man auch, dass die Strecke, die die Neutrinos im Beschleuniger zurückgelegt hatten, sich während des Experiments nicht plötzlich veränderte, dass Neutrinos nicht plötzlich verschwinden und ganz woanders wiederauftauchen oder dass keine bösen Geister den Versuchsaufbau manipulierten. Letztere Voraussetzungen waren gerechtfertigt. Die des korrekt verbundenen Kabels nicht. Diese Form von Unterdeterminiertheit wurde von Pierre Duhem und Willard Van Orman Quine beschrieben: Wenn man eine Hypothese testet, dann testet man gleichzeitig auch immer alle stillschweigenden Voraussetzungen. Und wenn der Test negativ ausfällt, ist entweder die Hypothese falsch oder eben eine der Voraussetzungen. Aber ob nun das eine oder das andere der Fall ist, das ist erst einmal nicht so einfach zu sagen. Man kennt das Problem aus der Medizin, wo ein falsch positiver Test einer ist, der etwas zu bestätigen scheint, was in Wirklichkeit falsch ist, und ein falsch negativer Test einer, der etwas zu widerlegen scheint, was in Wirklichkeit stimmt. In beiden Fällen wurde der Test durch andere Faktoren beeinflusst als die, die man eigentlich testen wollte. Wenn man ein Experiment macht, ist aber relativ klar, wie man mit dieser Unsicherheit umgeht, denn man kann mögliche Störfaktoren separat testen.

Das ist natürlich insbesondere dann wichtig, wenn man bahnbrechende wissenschaftliche Entdeckungen bekannt gibt, wie zum Beispiel die erste Detektion von Gravitationswellen 2016 durch das LIGO-Konsortium. Auf Nachfrage eines Pressevertreters, wie sicher denn die Entdeckung sei oder ob es auch die Möglichkeit einer Falschmeldung gebe, wurde betont, dass praktisch alle Umgebungsvariablen des Experiments separat aufgezeichnet und beobachtet worden waren. Die Gravitationswellen wurden mit einem Interferometer gemessen: Das heißt, ein Laserstrahl wird aufgespalten, beide Teilstrahlen bewegen sich auf rechtwinklig aufeinanderstehenden Achsen, bis sie von Spiegeln zurückgeworfen und wieder überlagert werden. Dadurch, dass die Teilstrahlen miteinander interferieren, kann man minimale Änderungen der Weglänge messen, die die Teilstrahlen zurückgelegt haben. Eine solche Änderung kann durch eine Gravitationswelle hervorgerufen werden, die die Raumzeit kurzzeitig gestaucht hat. Die Weglänge kann sich aber auch durch andere Einflüsse ändern.

Im Jahr 2004 gab es in einem der LIGO-Experimente bereits ein potenzielles Gravitationswellensignal. Nachdem aber die vorliegenden Audioaufzeichnungen ausgewertet worden waren, war klar, dass zum Zeitpunkt der Detektion ein Flugzeug im Tiefflug über das Experiment geflogen war und das vermeintliche Gravitationswellensignal ausgelöst hatte. Egal, wie sehr man in Experimenten das Problem möglicher Störungen im Auge hat, egal, wie viele Umgebungsvariablen man überwacht, kann es immer auch Pannen geben, also Störeinflüsse, an die man nicht gedacht hat oder die man nicht überwacht hat, wie man bei den schnellen Neutrinos gesehen hat. Aber in Experimenten wird normalerweise sehr viel getan, um falsch positive oder falsch negative Ergebnisse auszuschließen.

SICH EINEN REIM AUFS UNIVERSUM MACHEN

Tja, und in der Astrophysik? In der Astrophysik ist es mit der Kontrolle von Störeinflüssen noch schwieriger. Wir können nichts an- und abschalten und schauen, ob sich daraufhin das Ergebnis verändert. Mit der Überwachung der Umgebungsvariablen ist es auch so eine Sache: Wir können viele der Faktoren, die potenziell wichtig sein könnten für das, was wir sehen, nicht unkompliziert und eindeutig messen. Insgesamt gibt es eine ganze Liste von Handicaps, mit denen sich Astrophysiker herumschlagen müssen.

Nummer 1 auf dieser Liste ist das schon diskutierte Problem, dass wir das Universum nicht beeinflussen können, weil wir im Sonnensystem feststecken und Einflüsse daher nicht gezielt ausschalten können. Wir sind immer mit der größtmöglichen Komplexität des Kosmos konfrontiert und können nicht etwa mal eben das Magnetfeld in unserer Sternentstehungsregion abschirmen. Oder gucken, was passiert, wenn wir die Temperatur in der Umgebung des Babysterns um 100 Grad erhöhen. Obwohl das manchmal durchaus wünschenswert wäre. Zweitens können wir kosmische Phänomene aber auch nicht so einfach im Labor nachbauen, weil die Bedingungen im Universum in den meisten Fällen viel extremer sind als alles, was wir auf der Erde erzeugen können. Selbst die besten Vakuumbedingungen sind beispielsweise noch dichter als große Teile des interstellaren Mediums. Den Einfluss von starker Gravitation können wir nicht künstlich simulieren. Temperaturen wie im Inneren der Sonne, zusammen mit den dort herrschenden hohen Dichten, haben wir in noch keinem Labor stabil erreichen können. Natürlich können wir aber Teilprozesse im Labor studieren. Wir können interstellaren Staub nachbauen und chemische Eigenschaften messen. Oder Spektrallinien und quantenmechanische Eigenschaften bestimmter Gase bestimmen. In dem Sinne können wir im Labor unsere Analysewerkzeuge schärfen, die wir dann bei der Erforschung des Kosmos einsetzen. Aber für die meisten unserer kosmischen Forschungsobjekte gilt, dass es schwierig bis unmöglich ist, sie in irdische Labore zu holen.

Ein weiteres Problem ist, dass wir das gesamte Universum nur in Projektion sehen. Es ist ein bisschen so, als würden wir im Kino sitzen und es würden viele verschiedene Filme in extremer Zeitlupe gleichzeitig auf die Leinwand projiziert. Wir müssten dann herausfinden, was jeweils zusammengehört, und versuchen, die verschiedenen Handlungen wiederzugeben. In der Astrophysik sieht das folgendermaßen aus: Wenn wir in eine bestimmte Richtung am Himmel blicken, sehen wir all das, was sich in dieser Richtung befindet, aber es ist nicht immer einfach, festzustellen, was wie weit entfernt ist. Tatsächlich ist die kosmische Entfernungsbestimmung eines der kompliziertesten Probleme der Astronomie. Bei nahen Objekten kann man per Triangulation noch deren scheinbare Bewegung am Himmel nutzen, die sich aus der Bewegung der Erde um die Sonne ergibt. Aber je weiter die Objekte entfernt sind, desto weniger ausgeprägt ist dieser Effekt.

Das Prinzip der Triangulation kann man leicht nachvollziehen, wenn man abwechselnd das rechte und das linke Auge zukneift und sieht, wie sich die Position von nahen Gegenständen relativ zum entfernten Hintergrund verändert. Aber man sieht tatsächlich nur bei sehr nahen Gegenständen eine Veränderung, weil unsere Augen so eng beieinanderstehen. Die astronomische Entsprechung unseres Augenabstandes ist der mittlere Radius der Bahn der Erde bei ihrer jährlichen Bewegung um die Sonne. Wenn wir auf dieser Bahn einen nahen Stern in unserer Milchstraße anvisieren, dann scheint der Stern aufgrund unserer eigenen Erdbewegung eine elliptische Bewegung vor dem Fixsternhimmel der weit entfernten Sterne durchzuführen. Je näher der Stern, desto größer ist die Ellipse. Auf diese Weise kann man die Entfernung zu nahen Sternen direkt und ohne weitere physikalische Annahmen bestimmen. Bis zu welchen Entfernungen man mit dieser Methode maximal kommt, hängt davon ab, wie genau man die Position des Sterns messen kann.

Von der Erde aus verwischt die Erdatmosphäre den Effekt für Sterne, die weiter als etwa 100 Parsec entfernt sind, also weiter als etwa 20 Millionen Mal der mittlere Abstand zwischen Erde und Sonne. Das klingt erst einmal nach einer ziemlich großen Region. Die maximale Distanz entspricht allerdings nur etwas mehr als einem Prozent des Abstands der Erde zum Zentrum unserer Galaxie. Eine größere Genauigkeit der Positionsbestimmung und damit eine größere Reichweite erreicht man mit Satelliten. Der 2013 gestartete Satellit Gaia vermisst die Entfernung zu einem Prozent aller Milchstraßensterne, das heißt zu etwa einer Milliarde Sterne. Es gibt verschiedene Methoden, auch die Distanz noch weiter entfernter Objekte zu bestimmen, zum Beispiel indem man Objekte beobachtet, deren Leuchtkraft man kennt, sodass man die noch bei uns ankommende Strahlung mit der ursprünglichen Strahlung vergleichen kann. Auf der Erde wäre das so, wie wenn man die Gesamthelligkeit einer

Straßenlaterne als Maßstab nimmt und dann die eigene Entfernung von der Laterne darüber bestimmt, wie viel Helligkeit am eigenen Standpunkt jeweils noch ankommt. Aber je größer die Entfernung, desto schwieriger und ungenauer werden die Methoden. Eine 3-D-Rekonstruktion dessen, was wir sehen, ist eine ungeheure Herausforderung. Das kann man schon allein daran sehen, dass es immer noch regelmäßig Überraschungen gibt in Hinsicht auf die Struktur unserer Heimatgalaxie, der Milchstraße, die wir ja als ihre Bewohner ungünstigerweise nur von der Seite sehen: Die ganze Spiralscheibe ist für uns nur ein schmales Band, das sich einmal über den Himmel zieht.

Dazu kommt, dass wir Menschen so verdammt kurzlebig sind. Wir sind sozusagen die Eintagsfliegen des Universums. Die meisten kosmischen Prozesse spielen sich auf Skalen von Tausenden, Millionen oder gar Milliarden von Jahren ab. Wir sehen also nur eine kurze Momentaufnahme des Universums und müssen all das zu einer zusammenhängenden Entwicklung ergänzen. John Mather, der Physik-Nobelpreisträger, der zum ersten Mal die Form der kosmischen Hintergrundstrahlung vermaß, hat diese Situation einmal mit einer schönen Analogie verdeutlicht. Man stelle sich vor, man würde als Alien in ein Fußballstadion gebeamt und sollte nun nur aus der Beobachtung der anwesenden Stadionbesucher den typischen Lebensweg eines Menschen ableiten. Man würde junge Menschen sehen und alte und müsste entscheiden, welche von ihnen frühere und welche spätere Lebensabschnitte verkörpern. Man würde vielleicht die Verschiedenheit von Männern und Frauen identifizieren und müsste entscheiden, ob es verschiedene Typen von Menschen sind oder ob sich Männer vielleicht irgendwann in Frauen verwandeln oder umgekehrt. Man wäre mit der Frage konfrontiert, ob besonders dicke und besonders dünne Menschen spezielle Arten von Menschen sind, oder ob ihre Ausmaße differieren, weil sie sich unterschiedlich ernähren, und so weiter. Genauso geht uns das im Grunde in der Astrophysik, nur dass die Stadionbesucher Molekülwolken, Sterne und Galaxien in unterschiedlichen Entwicklungsstadien sind.

Immerhin haben wir dabei einen Vorteil: Durch die Endlichkeit der Lichtgeschwindigkeit können wir in die Vergangenheit blicken. Die älteste Strahlung, die wir beobachten können, die kosmische Hintergrundstrahlung, stammt aus einer Zeit 380 000 Jahre nach dem Urknall, als das Universum sich gerade so weit abgekühlt hatte, dass elektromagnetische Strahlung sich frei ausbreiten konnte und nicht mehr an freien, geladenen Elementarteilchen gestreut wurde. Seit diesem Zeitpunkt sehen wir die verschiedenen Stadien der Vergangenheit des Universums, je nachdem wie weit wir schauen. Das heißt, wir können tatsächlich noch die ersten entstandenen Galaxien beobachten und sehen, wie sich die Gestalt der Galaxien bis zum heutigen Zeitpunkt verändert hat. Wir sehen Querschnitte des Universums zu jedem Zeitpunkt seiner Entwicklungsgeschichte und müssen diese Informationen »nur noch« zusammenfügen.

Allerdings ist damit natürlich das Problem verbunden, dass man das, was am weitesten weg und damit am weitesten in der Vergangenheit liegt, auch am schlechtesten sieht. Während wir in unserer Milchstraße noch einzelne physikalische und chemische Prozesse im Detail beobachten und studieren können, zum Beispiel die Entstehung einzelner Sterne und die chemische Zusammensetzung ihrer nächsten Umgebung, sehen wir aufgrund der beschränkten räumlichen Auflösung unserer Teleskope schon in nahen Galaxien nur noch die mittleren Eigenschaften größerer Gebiete. Für weit entfernte Galaxien können wir dann oft nur noch allgemeine Eigenschaften der gesamten Galaxie ableiten.

All diese besonderen Herausforderungen hatte ich im Sinn, als ich in der Uckermark den Impuls hatte, zwischen der Astrophysik und den experimentellen Wissenschaften zu unterscheiden. Und vielleicht hatte auch Hacking diese Liste von Handicaps vor Augen, als er die Astrophysik als besonderes Opfer der Unterdeterminiertheit von Theorien beschreiben wollte. Auch wenn das mit seinen Mikrolinsen letztendlich nicht so richtig erfolgreich war. Wie gehen die Astrophysiker also konkret vor, um den Geheimnissen des Kosmos auf die Spur zu kommen? Wie können wir sicher sein, dass wir uns bei alldem nicht irren? Wie kann der Einfluss von Störeinflüssen ausgeschlossen werden, ohne dass man manipulierend eingreift und Umgebungsvariablen aufzeichnet? Wie kann man das Universum erklären, wenn man nur passiver Zuschauer ist?

ooo

Ich hake bei meinem Vater nach: »Du sagst, deine Waage kann falsch gehen. Aber was heißt das, dass eine Waage falsch geht?«

»Na, zum Beispiel stimmt die Kalibrierung nicht mehr, also die Beziehung zwischen Gewicht und Zeigerausschlag. Der Zeiger schlägt stärker aus, als er das bei meinem Gewicht tun sollte.«

»Okay, also das würde beim Schwarzen Loch heißen, dass wir die Wirkung des Schwarzen Lochs auf die Sterne zu stark oder zu schwach einschätzen. Vielleicht weil wir den Prozess der Wechselwirkung noch nicht so richtig verstanden haben. Ich habe hier in Frankreich mit meiner Waage übrigens noch ein anderes Problem.«

»Ach, welches denn?«

»Meine Waage geht, glaube ich, falsch, weil mein Haus so alt ist, dass es hier keine einzige ebene Fläche gibt. Alle Böden sind schief.«

»Und was machst du da?«

»Nichts. Ich glaube, im Rahmen der Genauigkeit, die ich brauche, ist das okay. Aber schiefe Böden wären beim Schwarzen Loch zum Beispiel ein Einfluss auf die Bewegung der Sterne, den wir vielleicht noch nicht erkannt haben und der überhaupt nichts mit dem Schwarzen Loch zu tun hat.«

»Und jetzt zurück zu meiner Frage: Was macht man da als Astrophysiker?«

»Wenn die Waage nicht stimmt, wenn also irgendwas mit der Masseabschätzung nicht okay ist, dann wird man das dadurch merken, dass man irgendwo in Widersprüche gerät. So in der Art: Wenn das Schwarze Loch wirklich so schwer wäre, dann müsste es auch in bestimmter Weise den Raum um sich herum krümmen und Licht ablenken, das aus Regionen hinter dem Schwarzen Loch stammt. Dann würde es auch Gas und Materie anziehen und schließlich schlucken, und dieses Material würde sich aufheizen, während es in das Schwarze Loch wie in einen Abfluss hineinstrudelt, und zu strahlen beginnen. Wenn man versuchen würde, diese Strahlung in einem Modell zu reproduzieren, würde man merken, dass man dafür ein schwereres oder leichteres Schwarzes Loch benötigt. Das wäre dann sozusagen das Probewiegen mit anderen Waagen.«

»Gut, dann hat man zwei Waagen und zwei Ergebnisse. Welches stimmt denn nun?«

»Grundsätzlich hat man zwei mögliche Strategien: Man versucht, die Prozesse noch besser zu verstehen. Vielleicht hat man einfach bei der Berechnung irgendwo etwas falsch gemacht oder einen anderen wichtigen Störfaktor vergessen, der die Messmethode beeinflusst. Und man sucht nach zusätzlichen Waagen, also nach weiteren unabhängigen Effekten, die Aufschluss über die Masse geben.«

»Könnte es denn aber zum Beispiel auch sein, dass sich im Zentrum unserer Galaxie gar kein Schwarzes Loch befindet, sondern irgendetwas anderes, und sich die Astrophysiker einfach geirrt haben?«

3.

DIE SHERLOCK-HOLMES-
METHODE

Beobachtung versus Experiment. Passiv-überlegendes Zuschau-
en versus aktiv-ausprobierendes Eingreifen. Wie schlimm ist
das Handicap der Astrophysiker wirklich? Ich brauchte nicht
lange zu suchen, bis mir zu dieser Frage ein weiterer philosophischer Artikel in die Hände fiel. Die US-amerikanische Philoso-
phieprofessorin Carol E. Cleland hatte sich 2002 bereits mit
genau der Frage beschäftigt, wie sich beobachtende und expe-
rimentierende wissenschaftliche Disziplinen in ihren Methoden und der Qualität ihrer Forschungsergebnisse unterscheiden. Und während Ian Hackings Thesen durchaus geeignet
waren, astrophysikalische Identitätskrisen anzuregen, ist Clelands Artikel das passende Antidepressivum dazu, eingeleitet
mit der programmatischen Ansage, sie wolle die Behauptung
zurückweisen, beobachtende Forschung sei erkenntnistheoretisch minderwertig im Vergleich zu experimenteller. Das klingt
doch mal nach der richtigen Einstellung, nach genau der These,
die ich gesucht hatte: Ja, die Astrophysik ist etwas Besonderes.
Nein, deshalb ist sie aber nicht automatisch schlechter als andere wissenschaftliche Disziplinen.

Clelands Argumentation ist dabei relativ einfach. Zum einen
sagt sie, dass das Vorgehen in den beobachtenden Wissenschaften in der Tat anders ist als in den experimentellen: Es gebe zwei
verschiedene Arten wissenschaftlicher Beweisführung. Die eine
findet man vor allem bei den Beobachtern, die andere bei den

Experimentatoren. Zum anderen behauptet sie, dass Beobachter durchaus gute Chancen haben, herauszufinden, was wirklich in der Welt vor sich geht. Um das verstehen zu können, muss man erst einmal genauer untersuchen, in welcher Situation sich Experimentatoren und Beobachter jeweils überhaupt befinden.

EXPERIMENTIEREN UND BEOBACHTEN

Bei einem Experiment startet man oft mit einer Hypothese. So eine Hypothese könnte beispielsweise die Aussage sein, dass Astrophysiker sich nicht für Philosophie interessieren. Um diese These zu testen, können wir uns ein maximal einfaches Experiment ausdenken: Wir schicken eine Philosophin in die Astrophysikmensa, damit sie dort Astrophysiker in Gespräche über Kant verwickelt. Wenn die Astrophysikstudenten innerhalb von fünf Minuten das Thema zu wechseln versuchen oder den Tisch verlassen, scheint die These bestätigt. Angenommen, wir machen diesen Test, und die ersten fünf angesprochenen Astrophysiker fliehen tatsächlich nach wenigen Minuten vor unserer Kant-Expertin. Heißt das, dass wir recht hatten mit unserer These? Nicht unbedingt, denn vielleicht waren die fünf im Prinzip große Philosophiefans, und wir hatten mit der Auswahl unserer Testphilosophin einfach nur ein unglückliches Händchen, indem wir eine unfassbar langweilige Gesprächspartnerin ausgesucht haben. Man sollte den Test zur Sicherheit mit einem anderen Philosophen wiederholen. Vielleicht zeigt das Testergebnis aber auch nur, dass die getesteten Astrophysiker keine Fans von Immanuel Kant sind. Um diese Möglichkeit auszuschließen, sollte man den Test noch einmal mit einem Gespräch über Wittgensteins Sprachphilosophie durchführen. Die Methode ist zwar etwas aufwendig, aber immerhin sind wir in der Lage, unsere volle, experimentatorische Freiheit auszuschöpfen und mögliche Störfaktoren, die den Test in Hinsicht auf die Hypothese verfälschen könnten, nacheinander auf die Probe zu stellen.

Der unbeteiligte, passive Beobachter sähe in einer äquivalenten Situation dagegen lediglich zwei Personen kurz zusammen essen, bevor eine der beiden aufsteht und geht. Die Frage für den Beobachter ist: Was ist passiert? Da er mit der Situation selbst nichts zu tun hat (er hat keine Testpersonen angeheuert und die Situation künstlich geschaffen), muss er sich zunächst möglichst viele Informationen verschaffen. Machen wir es uns einfach: Der eine Gesprächspartner hat ein T-Shirt an, das mit dem Schriftzug einer astrophysikalischen Konferenz bedruckt ist. Die Gesprächspartnerin hat die *Kritik der reinen Vernunft* auf ihrem Mensatablett liegen. Sie kam später an den Tisch und fing dann an, ohne Pause auf ihn einzureden. Kurz darauf verließ er den Tisch. Was könnte der Grund dafür gewesen sein? Vielleicht musste er dringend auf die Toilette. Vielleicht hatte sie Mundgeruch? Vielleicht erinnert ihn die *Kritik der reinen Vernunft* an seinen kürzlich verstorbenen Opa, der dieses Buch immer auf dem Nachttisch liegen hatte, und er kann diesen Anblick emotional nicht ertragen? Sobald der passive Beobachter mögliche Szenarien entwickelt hat, die das Beobachtete erklären können, ist die nächste Frage, wie er weitere Hinweise finden kann, um zu entscheiden, welches Szenario zutreffend ist. Ist der männliche Gesprächspartner tatsächlich auf die Toilette verschwunden? Weichen andere Menschen zurück, sobald die Gesprächspartnerin den Mund aufmacht? War das eine Träne, die beim Weggehen auf sein Konferenzshirt getropft ist, oder doch eher ein Schweißtropfen?

Wenn man den Experimentator und den Beobachter vergleicht, stellt man fest, dass beide jeweils mit einem Problem zu kämpfen haben, wenn sie herausfinden wollen, was wirklich hinter der Situation in der Mensa steckt. Allerdings ist das Problem ein jeweils anderes. Der Experimentator hat das Problem, dass immer auch andere Faktoren für den Ausgang seines Experiments entscheidend verantwortlich sein können als die, die er eigentlich testen wollte. Wir kennen das noch aus dem letzten Kapitel als Problem der Unterdeterminiertheit. Beispiel überlichtschnelle Neutrinos: Man denkt, es waren die Neutrinos, dabei war es nur das lockere Kabel. Der Beobachter dagegen hat das Problem, dass er nur mit dem arbeiten kann, was er vorfindet. Auf der Grundlage der vorliegenden Spuren muss er sich eine plausible Geschichte konstruieren, die kausal erklärt, warum die Spuren genau so sind, wie sie sind.

Auf den ersten Blick scheint der Beobachter sich in einer erheblich schlechteren Position zu befinden als der Experimentator, wenn es darum geht, herauszufinden, was wirklich vor sich gegangen ist. Der Experimentator hat die Situation schließlich selbst designt und kann weiterhin manipulierend eingreifen.

Carol E. Cleland, angetreten zur Ehrenrettung der Beobachter, argumentiert aber in ihrem Aufsatz dafür, dass dieser experimentelle Vorteil nur oberflächlich ist.

Man versteht den Kern ihres Gedankengangs, wenn man Sherlock-Holmes-Filme gesehen hat, denn dann weiß man: Sofern der Beobachter nur genial genug ist, all die ihm vorliegenden Hinweise richtig zu deuten, sollte es mit dem Teufel zugehen, wenn die Wahrheit unentdeckt bliebe. Gerade in komplexen Situationen, wie sie in der Welt außerhalb der Labore zu finden sind, erzeugt jedes Ereignis eine so große Vielzahl charakteristischer Spuren, dass es oft schwieriger ist, ein Ereignis zu vertuschen, als es aufzudecken. Cleland nennt das die »Überdeterminiertheit von Ursachen durch ihre Konsequenzen«. Es ist ziemlich einfach, einen Fußball durch eine Glasscheibe zu schießen. Es ist vergleichsweise schwierig, hinterher alles wieder so aussehen zu lassen, als wäre nichts passiert. Irgendwo wird man immer eine Scherbe übersehen haben. Und genau diese eine Scherbe kann unter Umständen ausreichen, den Tathergang aufzuklären. Die epistemische Situation des Beobachters ist also keineswegs so hoffnungslos. Sie ist nur anders als die des Experimentators. Es geht weniger darum, aktiv falsch positive oder falsch negative Ergebnisse auszuschließen, sondern um eine Spurensuche à la Holmes.

BERUFSBEDINGT SPÄT DRAN

Was haben ein Archäologe, ein Historiker, ein Evolutionsbiologe und ein Kriminalkommissar gemeinsam? Sie sind alle berufsbedingt spät dran. Das, was sie zu verstehen versuchen, liegt in der Vergangenheit. Sie finden nur noch Spuren und Indizien und müssen sich daraus zusammenreimen, was vorgefallen ist. Leider gibt es in der Archäologie und Evolutionsbiologie anders als bei manchen Kriminalfällen keinen geständigen Täter, der zehn Minuten vor Ende des *Tatorts* noch mal ganz genau erzählen kann, wie es wirklich war, aber ansonsten sind sich die Berufe ähnlich.

So wie unser unbeteiligter Mensabeobachter sammelt der Kommissar, nachdem er zum Tatort gerufen wurde, Indizien und begibt sich auf die Suche nach einer Geschichte, durch die diese Indizien in einen sinnvollen, logischen Zusammenhang gebracht werden. Wenn er eine solche Geschichte gefunden hat, muss er diesen möglichen Tathergang prüfen: Wenn es so gewesen wäre, welche Indizien müssten dann außerdem zu finden sein? Welche möglichen Zusatzinformationen könnten die These auf der anderen Seite widerlegen? Normalerweise gibt es mehrere verschiedene mögliche Tathergänge. In so einem Fall muss der Kommissar nach Beweisen suchen, die helfen, zwischen den verschiedenen Tatvarianten zu unterscheiden. Als motivierter Kriminalkommissar kann man, wie von Cleland beschrieben, dabei davon ausgehen, dass es die perfekte Straftat nicht gibt: Irgendwie wird sich der Täter schon verraten haben, es liegt allein an der Intelligenz des Polizisten, die Indizien sehen und entschlüsseln zu können.

Kriminalkommissare ziehen es vermutlich meist vor, mit Menschen zu arbeiten und für Recht und Ordnung einzutreten. Wenn sie etwas weniger auf menschlichen Kontakt erpicht sind, wären sie vielleicht gleich Archäologen geworden – und hätten sich in ihrer Arbeitsweise nicht groß umstellen müssen. Dann hätten sie zum Beispiel mithelfen können, aufzuklären, wie es zum Aussterben der Dinosaurier gekommen ist. Dieses klassische Beispiel nutzt Carol E. Cleland in ihrem Aufsatz von 2002 zur Illustration der Methode der beobachtenden Wissenschaften.

Für das Aussterben der Dinosaurier gibt es verschiedene Hypothesen. Vielleicht sind die Dinosaurier durch eine Seuche ausgerottet worden. Oder ein plötzlich eintretender Klimawandel hat die für sie notwendigen Lebensbedingungen zerstört. Vielleicht hat auch der Ausbruch eines Supervulkans die Erde über Jahre verdunkelt und die Dinosaurier erfrieren lassen. Oder der Einschlag eines Asteroiden hat die Auslöschung verursacht.

Es gibt aber auch eine ganze Reihe von verschiedenen Indizien. Man glaubt etwa aufgrund von Fossilienfunden, dass das Aussterben sehr plötzlich geschehen sein muss und dass zusammen mit den Dinosauriern auch viele andere Tier- und Pflanzenarten verschwunden sind. Im Jahr 1980 veröffentlichte der spätere Physik-Nobelpreisträger Luis Walter Alvarez zusammen mit seinem Sohn und zwei Chemikern die Entdeckung, dass weltweit Gesteinsschichten, die zur Zeit der Ausrottung der Dinosaurier entstanden sind, eine etwa 30-mal höhere Konzentration von Iridium aufweisen, als man sie ansonsten in der Erdkruste findet. Dieses seltene Element existiert häufig in

Meteoriten und Asteroiden. In der entsprechenden Gesteins-
schicht wurde auch geschmolzener Quarz gefunden, wie er in
Meteor- oder in Einschlagkratern von Atombomben zu finden
ist. Diese Indizien scheinen für die Asteroidenhypothese zu
sprechen. Aus der Menge des gefundenen Iridiums kann man
sogar abschätzen, dass ein entsprechendes Einschlagobjekt
einen Durchmesser von zehn Kilometern gehabt haben müsste.
Wenn diese Hypothese aber wirklich stimmt, müsste es auch
irgendwo einen entsprechend großen Einschlagkrater geben.
20 Jahre lang, zwischen 1970 und 1991, wurde die Abwesenheit
eines solchen Kraters als Argument gegen die Einschlaghypo-
these benutzt, bis schließlich ein Krater bei Chicxulub auf der
mexikanischen Yucatán-Halbinsel entdeckt wurde. Dieser Krater wies unter den ihn mittlerweile überdeckenden Sedimenten
eine Größe von 180 Kilometern und ein Alter von 65 Millionen
Jahren auf, was genau dem entsprach, was man basierend auf
der Iridiumschicht und dem geschmolzenen Quarz als Überrest
eines gigantischen kosmischen Einschlags erwartet hatte.

Die Asteroidenhypothese ist in der Lage, viele verschiedene
empirische Tatsachen durch eine zusammenhängende, kausale
Geschichte zu erklären. Damit zeichnet sie sich gegenüber den
mit ihr konkurrierenden Hypothesen klar aus. Beispielsweise
gibt es nach wie vor Anhänger der Vulkanismusthese, die mit
Änderungen in der Zusammensetzung der Erdatmosphäre und
resultierendem Klimawandel ähnliche Effekte vorhersagt wie
ein Asteroideneinschlag. Allerdings kann diese Hypothese nicht
erklären, wie es zu dem hohen Iridiumanteil in den damals
gebildeten Gesteinsschichten kam. Die Vulkane hätten hier in
Bezug auf ihre Tatbeteiligung im Fall Dinosaurierauslöschung
ein halbwegs gutes Alibi. Aber wer weiß: Die Archäologen sind
mit ihrer Spurensuche noch lange nicht fertig. Vielleicht war
eine Kombination verschiedener Ursachen verantwortlich. Vielleicht wird es aber irgendwann noch neue Hinweise geben,

die die eine oder andere Hypothese endgültig aus dem Rennen kicken können. Carol E. Cleland nennt solche Hinweise »Smoking-Gun-Evidenz«, entscheidende Beweismittel. So etwas zu entdecken ist für Kriminalkommissare wie für Archäologen entscheidend dafür, herauszufinden, was wirklich vorgefallen ist.

Astrophysiker sind ebenfalls daran interessiert, vergangene Prozesse und Ereignisse aufzuklären. Normalerweise beobachten wir etwas im Universum und fragen uns: Wie ist es dazu gekommen, dass wir sehen, was wir sehen? Was ist die kosmische Geschichte dieses Objektes? Wodurch wurde dieses Phänomen, dieser Prozess, in seiner Vergangenheit beeinflusst? Wie lange gibt es diesen Stern schon? Welcher Prozess hat zu dieser Supernovaexplosion geführt? Wie ist unser Sonnensystem entstanden? Die von Cleland beschriebene Methode scheint insofern auch wunderbar auf die Astrophysik zu passen.

DAS RÄTSEL DER SCHNEELINIEN

So wie die Archäologie, die Paläontologie oder auch die Geologie wird auch die Astrophysik zu den beobachtenden oder auch »historischen« Wissenschaften gezählt: Sie befasst sich mit Daten vergangener Ereignisse, zu denen es keinen direkten experimentellen Zugang gibt. Im Versuch, eine Erklärung für das zu finden, was sie beobachten, können Astrophysiker nur die Indizien nutzen, über die sie das Universum quasi von selbst informiert: Astrophysiker wenden die Sherlock-Holmes-Methode an.

Ein Kriminalfall, den ich aktuell bearbeite, sieht beispielsweise folgendermaßen aus: Mein Einsatzfeld ist die Entstehung von Babysternen, die sich später zu ähnlichen Sternen wie unsere Sonne entwickeln werden. Genau genommen sind die

Sterne, die ich untersuche, noch im Entwicklungszustand eines Embryos. Die dichte Molekülwolke, aus deren Material sie entstehen, fällt noch immer lokal in sich zusammen und baut so die Masse des späteren Sterns auf. Da der junge Stern seine endgültige Masse erst noch erwirbt, reichen der innere Druck und die innere Temperatur noch nicht, um Kernfusion zu starten und ihn so zu einem »echten« Stern werden zu lassen. Trotzdem sind diese Sternenembryos deutlich wärmer als ihre Umgebung: Geheizt werden sie durch das einstürzende Material, dessen Gravitationsenergie in Wärme umgesetzt wird (das ist der gleiche Mechanismus, der bei einem Asteroideneinschlag Kratermaterial schmelzen lässt). Die Temperaturverteilung um den jungen Stern herum kann beispielsweise anhand der beobachtbaren Strahlung des Staubs gemessen werden, der wiederum durch die Strahlung des Sterns aufgeheizt wird. Wenn man diese Staubstrahlung auf der Grundlage der bekannten Staubphysik und -chemie modelliert, kann man die Temperatur und unter bestimmten Annahmen auch die Dichte in der Gaswolke um den stellaren Embryo ableiten.

Wir beobachten diese Sternenembryos, weil wir hoffen, daraus etwas über die Entstehung unserer eigenen Sonne zu lernen. Insbesondere interessieren wir uns für die Chemie in der Umgebung des jungen Sterns, denn die wird später entscheidend dafür sein, welche chemischen Bestandteile in der entstehenden planetaren Scheibe für die potenzielle Entstehung von Leben verfügbar sind. Um die Chemie zu verstehen, haben meine Kollegen und ich eine Gruppe junger Sterne mit einem sehr leistungskräftigen Array von Teleskopen beobachtet, die zusammengeschaltet sehr viel schärfer sehen können als nur ein einzelnes Teleskop. Mit diesem sogenannten Interferometer wurde das Licht empfangen, das von Molekülen in der Hülle des Sternenembryos ausgestrahlt wird. So können wir rekonstruieren, welche Moleküle um den jungen Stern herum vorhanden sind.

Konkret wollten wir in unserem Projekt etwas über die sogenannten Schneelinien im beobachteten protostellaren System herausfinden. Die Molekülwolke, in die der Protostern eingebettet ist, besteht aus Gas und Staub. Die Dichte der Wolke ist so hoch und die Temperatur so niedrig, dass sich praktisch alle schweren Moleküle als Eis auf dem in der Wolke existierenden Staub niedergeschlagen haben. Das Gas der kalten Wolke besteht daraufhin fast nur noch aus molekularem Wasserstoff, der sich nicht gut für Eisbildung eignet. Der Protostern ist in dieser eisigen Wolke aber eine Wärmequelle, die in ihrer Nähe die eisigen Staubmäntel wieder zerstört und die vorher dort gefangenen Moleküle wieder in die Gasphase überführt. Jedes Molekül besitzt eine charakteristische Temperatur, bei der das entsprechende Eis in Gas verwandelt wird. Geometrisch heißt das, dass es für jedes Molekül einen bestimmten Radius um den Protostern herum gibt, an dem die Temperatur wieder kalt genug ist, um die Existenz von Eis zuzulassen: Innerhalb dieses Radius existiert das Molekül im Gas, außerhalb ist es in Eis gebunden. Der Radius wird als Schneelinie bezeichnet.

Die Situation ist im Prinzip ähnlich, wie wenn man einen rundum Wärme abgebenden Heizstrahler auf eine Fläche mit Schnee stellt. Bald bildet sich um den Heizstrahler eine kreisförmige Region, in der der Schnee geschmolzen ist. Die Grenze zwischen Schnee und grüner Wiese wäre hier die Schneelinie. Schneelinien sind deshalb wichtig, weil sie in dem Gas, aus dem später Planeten entstehen können, die Grenzen verschiedener chemischer Bereiche markieren. In unserem eigenen Sonnensystem nimmt man beispielsweise an, dass die Wasserschneelinie durch den heutigen Asteroidengürtel verlief, als die Planeten entstanden. Die Erde entstand daher in dem Gebiet, in dem das Wasser nur als Gas existierte. Für unseren Heimatplaneten bedeutet das, dass er »trocken« entstanden ist: In seinem Material, das sich aus Staub zusammengeklumpt hat, war kein Wasser vorhanden. Alles Wasser, das heute auf der Erde existiert, musste aus den Außenbereichen des Sonnensystems durch Asteroiden und Meteoriten auf die Erde gebracht werden.

In unserem Projekt haben wir allerdings nicht die Wasserschneelinie beobachtet, sondern die Schneelinie von Kohlenstoffmonoxid, dem häufigsten kohlenstoffhaltigen Molekül im interstellaren Medium. Kohlenstoff ist ein wichtiger Bestandteil für komplexe Chemie – insbesondere auch für diejenige Chemie, die man mit der Entstehung von Leben in Verbindung bringt. Tatsächlich beobachteten wir, dass die von uns ins Visier genommenen Protosterne von kreisförmigen Bereichen umgeben sind, in denen Kohlenstoffmonoxid in der Gasphase existiert. Die Größe dieser Bereiche konnten wir daraufhin mit den Temperaturverteilungen vergleichen, die unsere Kollegen auf der Grundlage der Staubstrahlung gemessen hatten. Dieser Vergleich brachte eine Überraschung: Die von uns beobachteten Schneelinien lagen viel zu nah am Stern. Die von unseren Kollegen festgestellten Temperaturen am Ort der beobachteten Sternlinien waren viel höher, als sie sein sollten. Reines Kohlenstoffmonoxideis geht bei knapp 20 Grad Kelvin in die Gasphase über. Unsere Schneelinien lagen mehrere Grad darüber. Das mag nicht dramatisch klingen, aber für die Ausdehnung der kohlenstoffmonoxidhaltigen Region ist der Effekt massiv: Die Region innerhalb der Schneelinie war nur halb so groß, wie sie eigentlich sein sollte.

Was konnte das bedeuten? Grundsätzlich ergaben sich zwei verschiedene Möglichkeiten: Entweder das Kohlenstoffmonoxideis in der Umgebung der jungen Sterne wird bei höheren Temperaturen zerstört als im Labor gemessen, oder die Temperaturbestimmung unserer Kollegen war falsch. Um letztere Erklärungshypothese ausschließen zu können, mussten wir die Genauigkeit der Temperaturmessung einschätzen und mit anderen Schätzungen vergleichen. Dabei ergab sich: Selbst wenn bei den Kollegen ziemlich viel falsch gelaufen wäre, könnte die Temperaturverteilung nicht so anders sein, wie wir sie brauchen würden, um unsere Beobachtungen zu erklären. Die Unsicherheiten der Messung, so wie die Kollegen sie einschätzen, waren einfach zu klein. Hypothese 2 erscheint damit unwahrscheinlich. Wie sieht es also mit Hypothese 1 aus? Was für eine Art von Eis könnte unsere Beobachtungen erklären? Diese Frage konnte ich direkt an andere Kollegen richten, die in den USA im Labor für verschiedene Sorten von Eis die Temperaturen messen, bei denen das Eis in Gas umgewandelt wird. Von diesen Kollegen bekam ich die Information, dass Kohlenstoffeis, das mit Wassereis gemischt ist, zu unseren beobachteten Schneelinien passt. Sofern diese Erklärung stimmt, hatten unsere Beobachtungen also tatsächlich die mikroskopische Zusammensetzung des Kohlenstoffmonoxideises enthüllt.

Natürlich sind wir an dieser Stelle aber nicht fertig. Zentral für unseren Schluss ist, dass die Temperaturverteilung, die wir von den Kollegen übernommen haben, stimmt. Als skeptische Geister verlassen wir uns natürlich nur notgedrungen auf andere. Daher ist einer der nächsten Schritte, an einem Teleskop, das unsere Schneelinie auflösen kann, Beobachtungen zu beantragen, mit denen wir die Temperaturverteilung unabhängig messen können. Beispielsweise anhand der Strahlung von Molekülen. Vielleicht ging einfach das »Staubthermometer« falsch. Außerdem können wir überprüfen, ob die von uns genutzte Temperaturverteilung mit den Schneelinien anderer Moleküle in Einklang steht. Auch hierfür bräuchten wir neue Beobachtungen. Unser Forschungsprojekt ist daher noch lange nicht abgeschlossen, so wie es in der Forschung fast immer der Fall ist. Man bekommt neue Daten und diskutiert seine Arbeit mit Kollegen, die wieder neue Ideen haben oder neue Hinweise. Man entdeckt neue Zusammenhänge, muss alte Hypothesen ad acta legen; und wenn man Glück hat, setzt sich über die Jahre ein Bild zusammen, das für das, was man sieht, eine überzeugende Erklärung liefert. Natürlich wirft die dann wieder ganz neue Fragen auf. Wahrscheinlich ist das ein Grund, warum Professoren so ungern in Rente gehen und auch in hohem Alter noch häufig durch die Institute wandeln. Genau wie das Verbrechen niemals schläft und es für einen guten Kommissar immer neue Kriminalfälle gibt, lässt einen auch das Universum mit seinen ständig neu sichtbar werdenden Rätseln nur selten das Gefühl entwickeln, ein Thema sei nun wirklich umfassend und dauerhaft aufgeklärt.

HERZENSANGELEGENHEIT PLUTO

Beispiele für die Sherlock-Holmes-Methode findet man in der Astrophysik überall dort, wo es darum geht, Beobachtungen bestimmter Einzelobjekte oder Phänomene zu erklären: Warum sehen wir, was wir sehen, und wie ist es dazu gekommen? Im Jahr 2015 bescherte die New-Horizons-Mission den Astrophysikern beispielsweise ein ganzes Paket neu aufzuklärender Fragen. Im Januar 2006 wurde diese Raumsonde auf den Weg geschickt, um den erst 1930 entdeckten Zwergplaneten Pluto aus nächster Nähe zu erforschen. Neun Jahre später hatte sie ihr Ziel, 12 500 Kilometer entfernt von Pluto, erreicht und konnte erstmalig Bilder der Planetenoberfläche mit einer Auflösung von bis zu 25 Metern pro Pixel zur Erde funken. Was man auf diesen Bildern sah, war erstaunlich. Während man vor dieser Mission nur außerordentlich unscharfe Aufnahmen des Hubble-Weltraumteleskops besaß, die Pluto als fleckigen Himmelskörper zeigten, wurde nun eine abwechslungsreiche Oberflächenlandschaft sichtbar.

Die ersten Bilder, die zur Erde gesendet wurden, besaßen noch nicht die maximale Auflösung, sondern zeigten maximal

Strukturen auf Längenskalen von 400 Metern. Doch schon hier zeigten sich einige geologische Besonderheiten, die Rätsel aufgaben. Das auffälligste Merkmal, das weltweit sofort als neues Markenzeichen Plutos durch die Medien ging, ist eine helle, herzförmige Fläche auf der von New Horizons aufgenommenen Seite des Zwergplaneten. Nach dem Entdecker Plutos wird diese Region als Tombaugh-Region bezeichnet. Der westliche Teil dieser Fläche, die etwa 1200 Kilometer große Sputnik-Ebene, zeigt eine eigenartige Besonderheit: Während Plutos Oberfläche generell viele Einschlagkrater zeigt, ist diese Ebene vollkommen jungfräulich ohne einen einzigen Krater.

Dieser Befund ist deshalb erstaunlich, weil sich Pluto in einer Region unseres Sonnensystems befindet, in der es vor Asteroiden und Kometen nur so wimmelt, dem sogenannten Kuipergürtel. Die Zehntausende kleiner Objekte, die um Pluto herum ihre Bahnen ziehen, sind Überbleibsel der Planetenentstehung, die in den Außenbereichen unseres Sonnensystems so langsam ablief, dass aus den Planetenkernen keine größeren Objekte werden konnten. Wenn man die Bahnen dieser Objekte und die resultierenden Kollisionen mit Pluto in einem Modell simuliert, kann man aus der Zahl der Einschlagkrater auf Pluto abschätzen, wie alt die entsprechende Oberfläche ist: je älter, desto mehr Krater. Im Umkehrschluss heißt das also, dass die Sputnik-Ebene sehr jung sein muss, laut Modellrechnungen nicht älter als zehn Millionen Jahre. Aber was ist der Grund für dieses geringe Alter? Um eine Planetenoberfläche zu erneuern, braucht man Energie. Woher nimmt der Zwergplanet Pluto in den kalten Außenbereichen unseres Sonnensystems diese Energie, obwohl er seit seiner Entstehung vor einigen Milliarden Jahren schon lange ausgekühlt sein sollte? Wie kommt die merkwürdige Struktur der Sputnik-Ebene – sie ist eingeteilt in polygon- und eiförmige Zellen von etwa zehn bis 50 Kilometern Breite – zustande? Die Antwort könnte etwas damit zu tun haben, dass sie von höher liegendem Gelände eingefasst ist und somit eine Art Bassin darzustellen scheint. Gleichzeitig gibt es geologische Hinweise auf Fließbewegungen im Eis. Das Bassin scheint aus den umgebenden, höher liegenden Regionen wie aus Gletschern gefüllt zu werden.

Die New-Horizons-Mission hatte unzusammenhängende Beobachtungen geliefert, die einige Fragen aufwarfen. Der Job der Astrophysiker war es nun, diese Beobachtungen durch eine gemeinsame Geschichte kausal wirkender Faktoren zu erklären, die mit möglichst wenigen Annahmen möglichst viele der beobachteten Eigenschaften in einen Zusammenhang bringt. Schritt 1: verschiedene Erklärungshypothesen aufstellen. Die Oberfläche der Sputnik-Ebene könnte durch ganz verschiedene Prozesse erneuert worden sein. Es könnte Erosion stattgefunden haben oder eine Ablage von Material, die bestehende Krater verwischte. Dieses Phänomen kennt man vom Saturn-Mond Titan, dessen Oberfläche durch Flüsse von Methan geprägt wurde. Für stattfindende Erosion auf Pluto würde sprechen, dass am Rand der Sputnik-Ebene Vertiefungen beobachtbar sind, die so aussehen, als wäre Eis verdunstet; für Ablagerung von neuem Material auf der Ebene sprechen die Eisströme, die aus den höher liegenden Gebieten ins Sputnik-Bassin zu fließen scheinen. Eine andere Erklärung wäre, dass Einschlagkrater sich unter Einfluss der herrschenden Gravitation von alleine wieder zurückgebildet haben, so wie man es beispielsweise für den Saturn-Mond Enceladus vermutet. Die Pluto-Oberfläche könnte auch durch ablaufende Plattentektonik erneuert worden sein wie beim Jupiter-Mond Europa, dessen Eiskruste wie auf der Erde in tektonische Platten zerbrochen ist, die sich auf flüssigem Wasser bewegen und übereinanderschieben können.

Doch alle diese Erklärungsansätze führen von Neuem zu der Frage, woher Pluto die nötige Energie nimmt, um hartes Eismaterial zu verflüssigen. Bei kleineren Eismonden können Ge-

zeitenkräfte zwischen dem Mond und seinem großen Heimatplaneten das Innere der Himmelskörper aufwärmen, aber Pluto
und sein Mond Charon bewegen sich so im Gleichgewicht miteinander, dass Gezeitenkräfte keine Rolle spielen. Man kann
aber davon ausgehen, dass Pluto aus seinem steinigen, inneren
Kern durch Zerfälle radioaktiver Isotope gewärmt wird, auch
wenn diese Wärmequelle mit der Zeit bereits deutlich abgenom-
men haben und nicht mehr sehr stark sein sollte.

Auch für die merkwürdige Zellstruktur in der Sputnik-Ebene
gibt es verschiedene Erklärungen. Die Zellen könnten analog zu
Strukturen entstanden sein, die wir vom irdischen Schlamm
kennen, dessen Oberfläche beim Trocknen auseinanderplatzt.
Sie könnten auch auf Sonneneinstrahlung zurückzuführen sein,
sofern die Sonnenwärme im Eis schlecht weitergeleitet wird,
wodurch Spannungen im Material entstehen. Aber auch auf
Brüche der Oberfläche, die durch eine Ausdehnung oder Bewegung des Untergrundes verursacht wurden. Es könnte aber auch
einfach sein, dass wir etwas Ähnliches sehen, wie wenn man

Wasser zum Kochen bringt und Teile des Wassers von unten nach oben steigen, um die Wärme vom Topfboden zur Oberfläche zu bringen. Dieses Phänomen der sogenannten Konvektion kann es auch in Eismaterial geben, das keine hohe Festigkeit aufweist. Die beobachteten Oberflächenstrukturen, die wie fließendes Gletschereis wirken, sprechen dafür, dass das Eis sich tatsächlich wie eine zähe Flüssigkeit bewegen kann.

Nachdem es nun einige verschiedene Hypothesen gibt, folgt Schritt 2 der Sherlock-Holmes-Methode: die Suche nach weiteren Anhaltspunkten für die eine oder andere Hypothese, die im besten Fall alle Beobachtungen erklären und zueinander in Beziehung setzen kann, während die rivalisierenden Hypothesen ausgeschlossen werden. Man macht sich auf die Suche nach neuen Indizien, die Alibis liefern oder falsche Verdächtige entlasten können. Eine entscheidende Zusatzinformation, um zwischen den Hypothesen auswählen zu können, ist die Natur des Eises, das die Sputnik-Ebene füllt. Von Beobachtungen, die von der Erde aus durchgeführt wurden, weiß man, dass es auf Pluto Eis aus Stickstoff, Methan und Kohlenstoffmonoxid gibt. Aufnahmen der Sputnik-Ebene im Infraroten, die mit einem Spektrometer an Bord der Sonde durchgeführt wurden, konnten bestätigen, dass das Sputnik-Bassin tatsächlich mit Stickstoffeis und Anteilen von Methan- und Kohlenstoffmonoxideis gefüllt ist, das weniger fest als Wassereis ist und seinen Schmelzpunkt bereits bei minus 210 Grad Celsius hat. Diese Beobachtung hält allerdings alle Hypothesen im Rennen. Wenn im Gegenteil Beobachtungen ergeben hätten, dass die Sputnik-Ebene mit festem Wassereis gefüllt ist, hätte beispielsweise die Konvektionshypothese von vornherein ausgeschlossen werden können. Das Eis wäre dann eine stabile, feste Fläche gewesen, die sich nicht durch vertikale Fließbewegungen hätte erneuern können.

Für das weitere Vorgehen haben die Astrophysiker zwei Strategien zur Auswahl. Die erste kam bereits im letzten Kapitel kurz zur Sprache: Man macht neue Beobachtungen, die als entscheidende Hinweise genutzt werden können. Bei Pluto bestand diese Strategie im Wesentlichen darin, auf die Übertragung der noch ausstehenden Daten von der New-Horizons-Sonde zu warten, die eine noch bessere Auflösung der Oberfläche liefern konnten. Die zweite Strategie, die in der Astrophysik eine sehr große Rolle spielt, besteht darin, das zu verstehende physikalische Phänomen im Computer zu simulieren und damit zu überprüfen, ob die in den Hypothesen vorgeschlagenen physikalischen Phänomene unter den angenommenen Umständen in der Lage sind, das, was man sieht, herbeizuführen: Kann die beobachtete Mischung von Pluto-Eis sich tatsächlich bewegen wie eine zähe Flüssigkeit? Und wenn ja, bilden sich Zellen, die einige zehn Kilometer groß sind? Um solche Fragen zu beantworten, macht man eine Art Experiment im Computer, indem man die Sputnik-Ebene so gut es geht numerisch nachbaut und schaut, was passiert.

Im Fall der merkwürdigen Eiszellen führte schließlich diese zweite Strategie zum Erfolg. Zwei Forschergruppen untersuchten numerisch, was passiert, wenn man ein Bassin voller Stickstoffeis leicht von unten wärmt, so wie man es von Pluto erwarten würde. Auf das zähflüssige Eis wirken dann zwei verschiedene Einflüsse: Das aufgewärmte Material am Boden des Bassins dehnt sich aus, wird daher leichter und strebt nach oben. Gleichzeitig behindert aber die Zähflüssigkeit des Eises die Bewegung nach oben. Beide Forschergruppen kommen zu dem Ergebnis, dass unter den auf Pluto zu erwartenden Bedingungen der Auftrieb schließlich überwiegt und das Eis sich mit einer Geschwindigkeit von einigen Zentimetern pro Jahr aufwärtsbewegt. Durch diesen Prozess wird die Oberfläche erneuert und werden Einschlagkrater eliminiert. Die Aufstiegsbewegung im Eis erfolgt in sogenannten Konvektionszellen, denn das Oberflächenmaterial wird von dem aufsteigenden Eis an den Seiten nach unten gedrückt. Die Erklärungshypothese der Konvektionsbewegungen des Stickstoffeises im Sputnik-Becken würde Cleland gefallen, denn sie löst tatsächlich alle offenen Rätsel mit einer einzigen Geschichte kausal wirkender Faktoren. Sie erklärt das junge Alter der Oberfläche sowie die Zellenstruktur und löst das Problem der Energie, da das Stickstoffeis schon bei so niedrigen Temperaturen zähflüssig genug ist, dass radioaktive Zerfälle im Inneren Plutos als Energiequelle ausreichen.

Indem man nun die Simulation genau darauf abstimmt, die beobachtete Größe der Zellen zu erzeugen, kann man weitere Vorhersagen über die Natur der Sputnik-Ebene machen. Allerdings weichen hier beide Gruppen in ihren Resultaten voneinander ab, je nachdem welche genauen Eigenschaften des Stickstoffeises sie annehmen. Entweder das Eis in der Sputnik-Ebene ist mindestens zehn Kilometer tief – wenn das Eis überall mehr oder weniger die gleichen Eigenschaften hat. Wenn dagegen das Eis an der Oberfläche viel zähflüssiger ist als am Boden des Bassins, wäre die Eisschicht nur einige Kilometer dick. Die Tiefe des Bassins ist aber wiederum ein wichtiges Indiz, wenn man die Geschichte der Sputnik-Ebene verstehen will. Wenn das Bassin auf einen gigantischen Einschlagkrater zurückzuführen ist, kann es nicht tiefer als zehn Kilometer sein, wie man aus ähnlichen Kratern auf anderen Körpern in unserem Sonnensystem ableiten kann. Ein tieferer Krater weckt zusätzlichen Erklärungsbedarf. Vielleicht hat das Gewicht des Stickstoffeises den Krater künstlich vertieft? Unabhängig davon lassen beide Studien die Frage offen, wie so viel Stickstoff in der Ebene angesammelt werden konnte: Fast der gesamte Stickstoff des Zwergplaneten befindet sich im Sputnik-Becken. An dieser Stelle müssen nun wieder die Beobachter den Fall von den numerischen Modellierern übernehmen und empirische Anhaltspunkte suchen, um zu entscheiden, welche Simulation auch im Detail stimmig ist.

An diesem Beispiel sieht man, wie gut die Sherlock-Holmes-

Methode geeignet ist, astrophysikalische Forschungspraxis zu beschreiben, sofern es darum geht, individuelle Beobachtungen zu verstehen. Gleichzeitig sieht man aber auch, wie sehr diese Methode in der Astrophysik auf die zwei Grundpfeiler astrophysikalischer Forschung angewiesen ist: die Auswertung von Beobachtungsdaten und die numerische Simulation der kosmischen Phänomene. Der Teufel steckt hier also methodisch im Detail, denn beide Aktivitäten sind alles andere als einfach. Wenn man Clelands Optimismus in Bezug auf die Methode der beobachtenden Wissenschaften teilen will, um die Astrophysik gegen den skeptischen Antirealismus von Ian Hacking zu verteidigen, kommt man also nicht umhin, einen genaueren Blick auf Daten und Modelle in der Astrophysik zu werfen.

∘∘∘

68 Mein Vater ist scheinbar unter die Skeptiker gegangen, da muss ich nachhaken: »Du meinst, dass sich im Zentrum der Milchstraße vielleicht gar kein supermassereiches Schwarzes Loch befindet und die Astrophysiker sozusagen komplett falschliegen, nicht nur in Bezug auf die Masseabschätzung? Heute kann man das mit ziemlicher Sicherheit ausschließen. Aber so lange weiß man das tatsächlich noch nicht.«

»Seit wann denn?«

»Das Zentrum unserer Galaxie liegt im Sternbild Schütze, das sich ziemlich weit südlich am Nachthimmel befindet. Deshalb kann man es am besten von der Südhalbkugel sehen. Allerdings ist es hinter dichten Staubwolken versteckt, sodass man es im optischen Licht nicht sehen kann. Schon allein deshalb hat es eine Weile gedauert, bis die Beobachtungstechnik bei anderen, kürzeren oder längeren Wellenlängen gut genug war, dass man durch den Staub hindurchschauen konnte.«

»So als grobe Orientierung, wann war das etwa?«

»Anfang der 1930er-Jahre ging es mit der Radioastronomie los, da hat man schon gesehen, dass es im Sternbild Schütze eine ungewöhnlich starke Emissionsquelle im Bereich der Radiowellenlängen gibt. Ihr Name ist Sagittarius A*.«

»Und dann?«

»Dann hat man über die Jahre immer mehr Hinweise gesammelt. Aus Beobachtungen der Sterne unserer Milchstraße konnte man sehen, dass die Quelle sich im Zentrum unserer Galaxie befindet. Im Lauf der Zeit, so in den 1970er-Jahren, hat man anhand der Beobachtung von Gas und Sternen in der Nähe von Sagittarius die Masse im Zentrum abschätzen können, das hatte ich ja schon erwähnt.«

»Und dann war klar, dass da ein Schwarzes Loch sein muss?«

»Nein, erst einmal war nur klar, dass es im Zentrum sehr viel Masse geben muss, mehr als einige Millionen Mal die Masse unserer Sonne. Und dass diese Masse sich auf relativ kleinem Raum befinden muss.«

»Was hätte das denn sonst noch sein können außer einem Schwarzen Loch?«

»Zum Beispiel ein Haufen von massearmen Sternen, Neutronensternen und leichten Schwarzen Löchern, die nach dem Tod von massereichen Sternen entstanden sind. Eine andere Variante wäre ein dichter Ball aus Dunkler Materie. Zum Beispiel aus Neutrinos oder aus bisher völlig unbekannten Elementarteilchen.«

»Klingt auch nicht uninteressant.«

»Ja, aber 2002 gab es dann eine Studie, in der die Bewegungen der innersten Sterne genauer vermessen wurden als jemals zuvor. Die Sterne rasen mit Geschwindigkeiten von mehreren Tausend Kilometern pro Sekunde um das galaktische Zentrum und ändern dabei ziemlich abrupt ihre Richtung. Diese Bewegungen sind mit Sicherheit nicht mit der Ansammlung von Sternen, Neutronensternen und leichten Schwarzen Löchern vereinbar. Alternativkandidat 1 war damit raus. Der war aber sowieso schon eher unwahrscheinlich, weil so ein Haufen schon nach einigen Zehntausend Jahren von selbst zu einem Schwarzen Loch kollabieren müsste.«

»Und Kandidat 2?«

»Kandidat 2 auch zum Teil. Zumindest kann es sich um keinen Neutrinoball handeln. Aus physikalischen Gründen ist ausgeschlossen, dass er zu den beobachteten Sternbewegungen führen kann. Wenn es aber Dunkle Materie aus sogenannten Bosonen wäre, dann ist die Sache schon schwieriger. Da wäre es nur etwas rätselhaft, wie sich die Dunkle Materie erstens zu einem so kompakten Objekt verdichtet hat, und zweitens, was mit der Materie passiert, die auf den Ball Dunkler Materie einregnet. Aus der würde dann früher oder später doch auch wieder ein Schwarzes Loch werden.«

»Aber völlig ausschließen kann man es nicht?«

»Na wie gesagt, es ist echt nicht sehr wahrscheinlich. Bald wird man aber vielleicht etwas mehr wissen. Die Beobachtungen des galaktischen Zentrums werden nämlich immer besser.«

4.

DAS UNIVERSUM BEOBACHTEN

Als Astronom erlebt man etwas, das einem wahrscheinlich weder als Bankangestellter noch als Kindergärtner sehr oft passiert. Wenn mich in den letzten Jahren Freunde oder die Familie besucht haben, kam fast immer früher oder später die von erwartungsvollem Funkeln in den Augen begleitete Frage, ob sie nicht mal meinen Arbeitsplatz sehen dürften. Die allgemeine Vorstellung des Arbeitsplatzes eines Astronomen ist nämlich die eines sehr, sehr coolen Ortes mit Teleskopen und Kuppeln und Bildtafeln und Sternkarten und ganz vielen noch unbekannten Überraschungen, die alle zum Träumen von unendlichen Weiten einladen. Wenn ich dann sage, dass mein Arbeitsplatz mehr Ähnlichkeit mit dem eines Versicherungsangestellten hat, ist das Thema Bürobesuch meist schnell wieder vom Tisch. Astronomische Institute sind heute oft langweilig. Meist gibt es noch eine Kuppel mit einem mittelmäßig guten Teleskop für Öffentlichkeitsarbeit und Ausbildungszwecke, aber um astrophysikalisch zu forschen, braucht man heute kaum mehr als eine gute Internetverbindung und einen mehr oder weniger leistungskräftigen Computer. Natürlich hängen in den meisten Büros schöne Bilder von leuchtenden Gasnebeln oder von Kollegen, die vor Teleskopen stehen, aber das ist dann auch schon das Einzige, das zum Träumen einladen könnte.

Tatsächlich ist diese Entwicklung aber relativ neu. Historisch haben Astronomen immer auch dort gearbeitet, wo sie ihre Daten erzeugt haben. Nachdem die Astronomie in Europa im Zuge der Renaissance eine neue Blüte erlebte, wurde zunächst vor allem die Position der sichtbaren Himmelskörper dokumentiert. Um festzustellen, wo sich Sterne und Planeten befinden, braucht man zunächst einmal nicht viel mehr als gute Augen und darüber hinaus vielleicht noch Hilfsmittel, um die Lichtquellen genauer anpeilen zu können. In den Städten war es damals nachts noch dunkel genug, um interessante astronomische Beobachtungen im Prinzip sogar aus dem eigenen Wohnhaus anzustellen. Daran änderte sich erst einmal auch nichts, als Anfang des 17. Jahrhunderts das Fernrohr als astronomisches Hilfsmittel erfunden wurde, das sich dann zu immer größeren Teleskopen weiterentwickelte. Die professionellere Ausstattung mit größeren Beobachtungsinstrumenten erforderte natürlich geeignete Räumlichkeiten, doch auch als im 18. und 19. Jahrhundert in Europa überall die Sternwarten aus dem Boden schossen, wohnten die Astronomen noch meist direkt in ihren Observatorien. Anfang des 19. Jahrhunderts erfolgte der Übergang von der Astronomie zur Astrophysik: Astronomen waren jetzt nicht mehr nur an Positionsbestimmung und Himmelsmechanik interessiert, sondern realisierten, dass das Universum den gleichen physikalischen und chemischen Gesetzen gehorcht, die wir auf der Erde kennen und erforschen können. Konkret begann diese Ära der Astrophysik damit, dass Joseph von Fraunhofer 1814 mit einem Prisma das Sonnenlicht in ein Spektrum aufspaltete und dort Spektrallinien sah, die wir auch in irdischen Laboren erzeugen können, wenn man Licht durch bestimmte Gase schickt.

Nachdem die Physiker Gustav Kirchhoff und Robert Bunsen diese Linien einige Jahrzehnte später chemisch deuten konnten, stand der Erforschung des Universums in Bezug auf Temperaturen, Druck, Dichten und chemische Zusammensetzungen nichts mehr im Wege. Im 19. Jahrhundert wurden überall in Europa neue Universitäten gegründet, die mit eigenen astronomischen Observatorien ausgestattet wurden, und die Zahl der Beobachtungsstandorte wuchs fast exponentiell. Im Zuge der zweiten industriellen Revolution Ende des 19. Jahrhunderts entstand für die beobachtenden Astronomen allerdings ein Problem, das nach wie vor unser Verhältnis zum Sternenhimmel buchstäblich trübt: Elektrische Lichter hielten verstärkt Einzug, die Städte wurden immer heller und der nächtliche Himmel zunehmend von den Lichtern auf der Erde überstrahlt. Während man in dunkler Umgebung bei klarer Nacht einige Tausend Sterne am Himmel sehen kann, sind es aufgrund der Lichtverschmutzung heute in einer Stadt wie Berlin nur noch wenige Dutzend. Für die städtischen Observatorien bedeutete diese Entwicklung, dass Umzüge in die Außenbezirke der Städte notwendig wurden, um weiterhin wissenschaftlich beobachten zu können.

Aber die Städte wuchsen mit, und bald wurde klar, dass man eine neue Lösung finden musste. Amerikanische Astrophysiker waren Ende des 19. Jahrhunderts die Ersten, die erkannten, dass weiterer wissenschaftlicher Fortschritt eine neue Generation von Teleskopen erfordert: komplexe und riesige Instrumente, die ihr technologisches Potenzial nur voll entfalten konnten, wenn sie fernab von zivilisatorischer Lichtverschmutzung auf hohen Bergen aufgestellt wurden, wo die störende Erdatmosphäre über den Teleskopen möglichst dünn und stabil ist. Finanziert wurden diese Riesenprojekte in den USA von reichen Gönnern, nach denen sie entsprechend auch oft benannt wurden. Eines der ersten dieser großen Teleskope war zum Beispiel das Lick-Observatorium, das 1888 auf dem Gipfel des Mount Hamilton in Kalifornien als damals größtes Linsenteleskop installiert wurde. Finanziert wurde der Bau aus dem Nachlass James Licks, der ein amerikanischer Pianobauer und Großgrundbesitzer war. Bei solchen aus privaten Geldern finanzierten Teleskopen kam es zum ersten Mal zu dem Phänomen, das heute in der Astronomie Standard ist: Die astronomischen Daten wurden weit entfernt von den Astronomen aufgenommen, die die Daten wissenschaftlich auswerteten. Weltweit schlossen sich nun Staaten an und gründeten eigene Observatorien: Frankreich gründete das Haute-Provence-Observatorium, die USA bauten, geleitet durch die National Science Foundation, ein ganzes System nationaler Teleskope mit jeweils charakteristischen wissenschaftlichen Aufgaben auf. Aber der Hunger der Astrophysik nach immer besseren und präziseren Daten, die immer ausgereiftere und größere Observatorien erforderten, überstieg schließlich auch die Möglichkeiten einzelner Staaten. In der zweiten Hälfte des 20. Jahrhunderts übernahmen daher multinationale Organisationen die Planung und Realisierung neuer astronomischer Projekte, wie zum Beispiel das 1962 gegründete European Southern Observatory (Europäische Südsternwarte), dem heute 16 Länder angehören. Obwohl die ESO ein europäisches Beobachtungskonsortium ist, stehen die von der ESO finanzierten Teleskope nicht in Europa, sondern an einem der besten Beobachtungsstandorte der Welt, dem Norden von Chile mit seinen extrem trockenen Wüsten und hohen Bergen. An drei verschiedenen Standorten finden sich hier ESO-Teleskope: La Silla, Paranal und Chajnantor. Aber auch die menschenleeren, hoch gelegenen Wüsten Südafrikas, die einsamen Weiten Australiens, die bergigen, nahe des Äquators gelegenen Kanarischen Inseln oder die hohen Vulkane Hawaiis bieten modernen Observatorien exzellente Beobachtungsbedingungen.

Nicht nur die räumliche Trennung der nach wie vor größtenteils in den städtischen Universitäten und Forschungsinstituten arbeitenden Astronomen von den Daten produzierenden Observatorien unterscheidet die heutige Astronomie von ihren historischen Vorläufern. Anders als noch zu Zeiten der kleinen Universitätsobservatorien hat sich auch die allgemeine Einstellung bezüglich der Verfügbarkeit astronomischer Daten geändert. Früher galt: Wer ein Teleskop gebaut hat, darf es auch benutzen. Und wer Daten aufgenommen hat, der darf sie auch wissenschaftlich auswerten. Die großen Beobachtungskonsortien, die heute für die Erzeugung der wichtigsten astronomischen Daten verantwortlich sind, haben solch eine Philosophie weitgehend sinnlos werden lassen. Die Daten werden unter Astronomen verschiedener Länder aufgeteilt. Dabei haben normalerweise nicht nur die Astronomen eine Chance auf Daten, deren Heimatländer am Bau der Teleskope beteiligt waren. Die sogenannte »Open Skies Policy« – der Grundsatz, dass Teleskopzeit nur nach wissenschaftlichen und nicht nach politischen oder finanziellen Gesichtspunkten verteilt werden soll – macht es vielmehr möglich, dass sich weltweit Astronomen für den Erhalt von Daten bewerben können. Dafür müssen sie in einem Antrag beschreiben, was für Daten sie benötigen, welche wissenschaftliche Frage sie mit diesen Daten klären wollen und wie sie diese Klärung methodisch konkret angehen wollen. Ein Expertenpanel entscheidet dann, ob die Daten tatsächlich zur Verfügung gestellt werden.

DER ERSTE KONTAKT

Ich persönlich muss zugeben, dass mich der gesamte thematische Kosmos der astronomischen Datenerzeugung ziemlich lange erstaunlich wenig interessiert hat. In der Schule mochte ich lieber Mathematik als marode Experimente, im Studium dann lieber theoretische Physik als Experimentalphysik, das heißt, sauberes Rechnen war mir lieber als Datengefummel, ich simulierte lieber Dinge am Rechner, als mich nachts mit nicht funktionierender Technik herumzuschlagen. Mein erster Astrophysikprofessor sah das sehr ähnlich (auch wenn er nicht davor zurückschreckte, auch mal die Zahl Pi gleich 3 zu setzen und damit alle Theoretiker zu verstören). Nach einem Vortrag, der keinerlei Bezug zu astronomischen Daten aufwies, tätigte er einmal den denkwürdigen Ausspruch: »Ach Frau Anderl, wir würden doch auch Sterne simulieren, wenn es gar keine Sterne geben würde.«

Nachdem ich nach dem Studium an ein sehr beobachtungs-nahes Institut gewechselt war, war es daher ein gewisser Schock, als mein dortiger Doktorvater mich als erste Amtshandlung gleich alleine zum Beobachten nach Chile schickte. Bis dahin hatte ich mir mein zukünftiges Berufsleben im positiven Sinn unaufgeregt vorgestellt: hinter einem Rechner sitzend in einem stinknormalen Unibüro, umgeben von anderen blassen, eher unsportlichen Wissenschafts-Nerds. Plötzlich aber musste ich zum medizinischen Höhentest, denn das Teleskop, für das ich verantwortlich sein sollte, steht auf knapp 5000 Metern Höhe des Chajnantor-Plateaus in der chilenischen Atacamawüste. 5000 Meter, das ist selbst für Sportstudenten nicht ganz ohne, denn die Luft dort oben ist bereits sehr, sehr dünn – gut für die astronomischen Beobachtungen, schlecht für den astrono-mischen Beobachter. Vorher also Blutdruck-, Herzfunktions-, Lungenvolumencheck, unterschreiben, dass man die Risiken der Höhenkrankheit kennt, die erschreckend schnell zum Tod führen kann, aber dass man all das im Dienst der Forschung zu riskieren bereit ist. In was man so hineingerät, wenn man ein-fach nur im Fach Astronomie promovieren will. Dazu kamen die kursierenden Gruselgeschichten von bolivianischen Gangs-tern, die über die nahe Grenze nach Chile kommen, und für die Astronomengruppen auf dem Weg vom Basecamp zum Tele-skop in relativ neuen Geländewagen voll mit Laptops und an-derem Technik-Schnickschnack eine einfache Beute darstellen.

So leicht kann man in ein Abenteuer hineinstolpern. Das Teleskop, zu dem ich reisen sollte, war eine Kooperation zwi-schen deutschen und japanischen Universitäten. Die deutschen Forschungsgruppen waren vor allem für die Beobachtungstech-nologie verantwortlich, während sich die Japaner um das Teleskopgebäude und die Infrastruktur kümmerten. Auch zu dieser interkontinentalen Arbeitsbeziehung gab es bereits im Vorfeld einige Geschichten. So waren die japanischen Kollegen beispielsweise eines Tages offensichtlich nachhaltig verstimmt, aber die europäischen Kollegen hatten keine Ahnung, warum. Schließlich kam heraus, dass sich ein deutscher Astronom beim Betreten des Kontrollraums nicht die Schuhe ausgezogen hatte. Im japanischen Verständnis ist der Kontrollraum aber als Wohnraum anzusehen, es herrscht also strengstes Schuhverbot. Gleichzeitig darf man auf seine Schuhe aber nicht überall im Teleskopgebäude verzichten, denn es ist zentral wichtig, beim Benutzen der japanischen, höhentauglichen Hightech-Toilette wieder Schuhe anzuziehen. Nach dieser Geschichte war ich Gott sei Dank auf häufige Schuhwechsel und andere *culture clashs* vorbereitet.

Als ich im 2500 Meter hoch gelegenen chilenischen Wüstendorf San Pedro de Atacama ankam, erwartete mich im Basecamp schon mein Kollege, der mich in der ersten Woche in die Teleskoptechnik einweisen sollte. Das Teleskop war zu dem Zeitpunkt noch relativ neu, und die Aufgabe der angereisten Beobachter bestand vor allem darin, das Teleskop und die Qualität der Daten zu testen. Ich wusste von meinen bevorstehenden Aufgaben zunächst allerdings fast gar nichts, weshalb der Schreck groß war, als sich herausstellte, dass der Kollege, von dem ich alles lernen sollte, die Höhenkrankheit bekommen hatte. Abgesehen davon, dass es ihm nicht sonderlich gut ging, bedeutete das für mich, dass meine Teleskopeinweisung nicht durch ihn und innerhalb einer Woche, sondern binnen weniger Stunden durch andere Kollegen, die ihren Aufenthalt für mich um einen Tag verlängert hatten, geschehen musste. An diesem einen Einführungstag wurden in der Hektik und zu allem Unglück auch noch sämtliche Einstellungen verstellt, sodass ich mit der Neueinstellung und Optimierung aller Beobachtungsparameter, per Skype unterstützt durch die Kollegen in Deutschland, bis zur Ankunft des nächsten Teleskoptesters gut beschäftigt war. So viel wie in den drei Wochen in der chilenischen Wüste habe ich seitdem nie wieder über die praktische Funktionsweise eines Submillimeterteleskops gelernt, und das, obwohl man in der sauerstoffarmen Luft in fünf Kilometern Höhe kaum geradeaus denken kann. Gleichzeitig dauerte es aber noch einige Jahre, bis ich wirklich annähernd verstand, was im Inneren der komplizierten Detektoren und Backends, also den Geräten, mit denen die elektromagnetische Strahlung aufgezeichnet und in einfach weiterzubearbeitende Signalformen umgewandelt wird, physikalisch wirklich passiert und warum ich diese oder jene Einstellung in genau dieser Art und Weise zu optimieren hatte.

Wenn ich also Besuch von Freunden und Familie bekomme, die mein Büro und »mein Teleskop« besichtigen wollen, dann kann ich zwar keinen besonders spannenden Arbeitsplatz in der Nähe meines Wohnorts bieten, aber ich kann immerhin alle beim südamerikanischen Restaurant um die Ecke auf einen Pisco Sour einladen und wilde Abenteuergeschichten von meiner Zeit in Chile erzählen. Auch nicht schlecht.

DIE REALITÄT DES UNIVERSUMS
IM TELESKOP

Die großen Teleskope der Astrophysik sind heute insbesondere für Nachwuchsastronomen fast so etwas wie Kultstätten geworden. In vielen Büros hängen Fotos, auf denen die Kollegen vor Teleskopen posieren, die sie schon einmal für Beobachtungen besucht haben. Soziologisch, aber auch wissenschaftstheoretisch ist das ein durchaus spannendes Phänomen. In der Tat könnte man den Kommentar meines alten Professors fast so interpretieren, als würde er mit dem Antirealisten Ian Hacking unter einer Decke stecken, wenn auch in einer Hinsicht, die Hacking selbst gar nicht im Sinn hatte: Es gibt nicht wenige theoretische Astrophysiker, die selbst gar nicht mit astronomischen Daten arbeiten, sondern nur astrophysikalische Simulationen programmieren. Diese Theoretiker haben oft noch nie ein modernes astronomisches Observatorium besucht. Aber selbst viele Astrophysiker, die astronomische Daten auswerten, verbringen einen verschwindend kleinen Teil ihrer Arbeitszeit an Teleskopen, sofern die Beobachtungen nicht sogar vollständig von Kollegen vor Ort durchgeführt werden.

Der direkte Kontakt eines professionellen Astrophysikers zum Universum ist meist geringer ausgeprägt als der von Amateurastronomen, die ihre Nächte unter dem Sternenhimmel verbringen. Würden wir tatsächlich Astrophysik betreiben, auch wenn es das Universum, so wie wir es uns vorstellen, gar nicht geben würde? An schlechten Tagen, wenn man als frustrierter Doktorand alleine vor seinem Rechner sitzt und mit seinen Daten nicht vorankommt, obwohl sie einem eigentlich etwas über Tausende von Lichtjahren entfernte Orte im Universum sagen sollten, kann man fast emotionaler Antirealist werden. Ganz ohne Ian Hackings Unterstützung. Auch deshalb ist es so wichtig, dass junge Astrophysiker zumindest zu Ausbildungszwecken einige Zeit am Teleskop verbringen. Dieses Phänomen wurde sogar schon geisteswissenschaftlich untersucht.

Der Soziologe Götz Hoeppe hat im Jahr 2012 Kosmologen beim Beobachten in Chile und Spanien begleitet. Er beschreibt, dass die Teleskope trotz ihrer räumlichen Entfernung zum Arbeitsplatz der Astronomen eine wichtige Rolle im Forschungsalltag spielen, die weit über die der Datenquelle hinausgeht. Fotos von Forschern vor Teleskopen sind nicht nur nette Erinnerungsstücke, sondern drücken gleichzeitig aus, dass sie anerkannte Mitglieder der astronomischen Community sind, denn der Zugang zu diesen Orten ist beschränkt. Die Öffentlichkeit erhält zu den modernen Observatorien keinen Zutritt (es sei denn, man sieht es in einem James-Bond-Film, in dem der Bösewicht in einem der futuristischen Teleskopbauten seine Pläne schmiedet, wie es beispielsweise 1995 in *Golden Eye* mit dem Arecibo Observatory oder 2008 in *Ein Quantum Trost* mit dem Very Large Telescope der ESO der Fall war). Die Observatorien sind laut Hoeppe aber auch wichtige Schlüsselelemente, wenn man sich mit der Frage nach dem astrophysikalischen Realismus beschäftigt, denn hier erhalten ferne und vergangene kosmische Orte Präsenz: Man richtet das Teleskop in einer bestimmten Richtung aus und sieht tatsächlich das Sternentstehungsgebiet, die entfernte Galaxie, die man selbst als Experte für diese Art kosmischer Objekte zu Hause im Büro schon so oft gesehen und analysiert hat. Hier am Teleskop kann man sich vergewissern, dass es diese Objekte wirklich gibt, weil man sie tatsächlich »live« beobachten kann, auch wenn die Beobachtung selbst natürlich nicht mit bloßem Auge durch ein Okular passiert, sondern auf der Grundlage kompliziertester Technik, die am Ende ein Bild auf einem Computerbildschirm ausspuckt.

Als Soziologe kann man solche computergenerierten Bilder dann als indexikalische Zeichen für die Realität kosmischer Objekte bezeichnen: Wenn es die kosmischen Objekte nicht gäbe, könnten wir auch keine Bilder von ihnen aufnehmen. Auf der anderen Seite sind es aber auch nicht irgendwelche Bilder, die aufgenommen werden. Sie ähneln vielmehr anderen Bildern, die schon vorher aufgenommen wurden, auch wenn dabei ein völlig anderes Teleskop benutzt wurde und es sich um völlig andere Daten handelte. In diesem Sinne sind sie in soziologischer Perspektive ikonische Zeichen: Die Ähnlichkeit zu älteren Daten, die dem beobachtenden Astronomen normalerweise bekannt sind, erzeugt ein Gefühl fast intimer Bekanntheit mit der Region. Als Astronom kennt man sich aus, bemerkt kleinste

Veränderungen und ist sofort in der Lage, die Aussagekraft der neuen Daten zumindest grob einzuschätzen.

E-Mails einer Forschungsgruppe, der ich während der Zeit meiner Doktorarbeit angehörte und die Daten der nahen Galaxie M33, des sogenannten Dreiecksnebels, auswertete, begannen beispielsweise oft mit der Grußformel »Liebe Freunde von M33« (ich fühlte mich immer ein bisschen ertappt, weil ich mich nur am Rande für die Galaxie interessierte und mich maximal als Bekannte von M33 bezeichnet hätte). Gleichzeitig erklärt dieser Punkt aber auch das immer wieder anzutreffende Desinteresse professioneller Astronomen am »echten« Nachthimmel: Die Regionen des Universums, mit denen sie sich auskennen, sind mit bloßem Auge nicht sichtbar. Der Wiedererkennungseffekt, das »Sich-im-Universum-heimisch-Fühlen« tritt nicht ein. Nur bei Beobachtungen mit modernsten Teleskopen fühlt sich der professionelle Astronom »seinen« Gebieten nah, werden kosmische Distanzen überbrückt und quasi real zugänglich gemacht. Wer einmal am Teleskop das Objekt beobachtet hat, das er sonst in seinem Büro am Computer meist jahrelang erforscht hat, der wird an der Existenz dieses Objektes nicht mehr zweifeln. So wenig wie Hacking an der Existenz von Elektronen zweifelte, nachdem er sie versprüht hatte.

ANTRAG AUF ENTENBEOBACHTUNG

Die heutige Astronomie und Astrophysik ist sehr stark beobachtungs- und technologiegetrieben: Entscheidende, neue Entwicklungen haben ihren Ursprung selten in der Theorie, sondern treten vielmehr dann auf, wenn neue Beobachtungstechnologien entwickelt und eingesetzt werden. Wenn neue Großteleskope einen ganz neuen Detailreichtum offenbaren oder wenn sogar völlig neue Fenster zum Universum erschlossen werden, wie jüngst mit der Gravitationswellenforschung geschehen, kann man mit vielen neuen und unerwarteten Entdeckungen rechnen, die oft vieles von dem infrage stellen, was Theoretiker vorhergesagt haben. Der Astrophysiker Martin Harwit hat in seinem 1981 geschriebenen Buch *Cosmic Discovery* die Entdeckungen neuer kosmischer Phänomene in den letzten Jahrhunderten mit der Einführung neuer Technologien verglichen. Insbesondere seit der zweiten Hälfte des letzten Jahrhunderts fällt beides zeitlich meist sehr eng zusammen: Wenn ein neues Instrument seinen Betrieb aufnimmt, kommt es zu neuen Entdeckungen, laut Harwit meist innerhalb der ersten fünf Jahre. Das zeigt allerdings auch, wie zentral in der Astrophysik die Frage nach dem Zugang zu neuen Daten ist: Diejenigen, die den Zugang zu den ersten Daten eines neuen Instruments haben, sind in einer privilegierten Position, als Entdecker in die Astronomiegeschichte einzugehen. Die allerersten Daten sind oft solche, die im Testbetrieb eines neuen Instrumentes aufgenommen werden. Insofern bleiben sie oft in den Händen derjenigen, die für die Entwicklung des Instrumentes verantwortlich waren. Das ist in gewisser Weise auch nur fair, denn die Entwicklung neuer Technologien ist eine zeitraubende und langwierige Angelegenheit, die während der Zeit der Entwicklung relativ wenig Meriten abwirft.

Die Tatsache, dass astrophysikalischer Fortschritt so stark auf neuen Beobachtungen beruht, macht aber ganz allgemein deutlich, wie wichtig die Frage nach der Verteilung von Beobachtungszeiten an den großen Teleskopen für die Richtung ist, in die sich die Astrophysik entwickelt. Insbesondere aus wissenschaftsphilosophischer Sicht ist diese Frage interessant: Wenn die Gemeinschaft der Astrophysiker anhand von wissenschaftlichen Expertengremien darüber entscheidet, welche Projekte tatsächlich realisiert werden, läuft man dann nicht Gefahr, dass nur die vermeintlich sicheren »Mainstream-Projekte« gefördert werden?

Wie stark ist die Astrophysik temporären Modeströmungen ausgesetzt? Wie wahrscheinlich ist es, dass ein einsames Genie mit seinem Beobachtungsantrag niemals erfolgreich sein wird, weil sein Projekt den gängigen Meinungen vielleicht widerspricht und den Experten zu riskant oder zu unkonventionell erscheint? Oder im Sherlock-Holmes-Bild: Kann es sein, dass bestimmte Kriminalfälle systematisch ignoriert werden? Dass bestimmte potenzielle Verdächtige geschont werden und auf der anderen Seiten immer denselben Unschuldigen die Verantwortung in die Schuhe geschoben wird, weil auf diese Weise offene Fälle am bequemsten zu den Akten gelegt werden können?

Wissenschaftsphilosophen und -soziologen haben seit der zweiten Hälfte des vergangenen Jahrhunderts immer wieder auf die Wichtigkeit sozialer und politischer Faktoren für die Entwicklung der Wissenschaft verwiesen. An dieser Stelle, der Verteilung von Beobachtungszeit, aber auch wenn es allgemein darum geht, wie heute in unserer globalisierten Wissenschaftswelt Forschungsressourcen verteilt werden, wird deutlich, dass sie damit einen sehr relevanten Punkt herausgestellt haben.

Der Philosoph Thomas Kuhn beschrieb 1962 in seinem Buch *The Structure of Scientific Revolutions* dieses Phänomen als Teil der sogenannten Normalwissenschaft, der Wissenschaft, so, wie sie abläuft, wenn sie mit keinen besonderen Krisen zu kämpfen hat: In diesen Perioden wissenschaftlicher Forschung herrscht ein geteiltes Paradigma, ein gemeinsamer Kanon an Methoden, explizitem und implizitem Wissen, gemeinsamen wissenschaftlichen Beispielfällen und Begrifflichkeiten. Im Großen und Ganzen sind sich die Kollegen in diesen Phasen der »normalen« Forschung einig darüber, was etabliertes Wissen ist und mit welchen Methoden man es erlangt. Das geteilte Paradigma ist auf Selbsterhaltung bedacht. Wer davon abweichen will, hat es erst einmal schwer. Die in einem Paradigma verbundenen Wissenschaftler haben einen gemeinsamen Blick auf die Welt. Das

heißt nicht unbedingt, dass dieser Blick der richtige ist. Manch-mal ist es wie bei Ludwig Wittgensteins berühmtem Hase-En-ten-Bild: Man kann entweder die Ente oder den Hasen sehen und nicht beides gleichzeitig, aber sowohl der Hase als auch die Ente sind in der Zeichnung gleichberechtigt enthalten.

Wenn man die wissenschaftliche Forschungspraxis kritisch auf Kuhns Beschreibung hin untersucht, merkt man allerdings, dass es weniger einfach ist als von Kuhn beschrieben. Obwohl vieles stimmt, was Kuhn beschreibt, kann man aus seiner Posi-tion nicht folgern, dass die Wissenschaft im Ganzen beliebig oder gar völlig falsch sein kann. Dafür ist wissenschaftliche For-schung in ihrem Vorgehen divers genug und hat die lauernden Gefahren wissenschaftlicher Blindheit in gewissem Maße selbst im Blick. Aber natürlich stellt sich trotzdem die Frage: Was pas-siert, wenn alle Wissenschaftler nur den Hasen sehen und ein einsamer Forscher einen Antrag auf Entenbeobachtung stellt?

ENTDECKEN, WONACH MAN GAR NICHT GESUCHT HAT

Tatsächlich wird dieser Punkt auch unter Astronomen durchaus diskutiert. Jocelyn Bell Burnell, die Entdeckerin der Pulsare, wird in ihren öffentlichen Vorträgen nicht müde zu betonen, wie wichtig möglichst unvoreingenommene Beobachtungen dafür sind, astronomische Entdeckungen zu ermöglichen. Sie selbst war Mitte der 1960er-Jahre als Doktorandin in Cambridge am Aufbau eines riesigen, aus 2048 Antennen bestehenden Radioteleskop-Arrays beteiligt. Das fertige Teleskop sollte sie dafür nutzen, aktive Galaxienkerne, die sogenannten Quasare, genauestens zu vermessen. Bei der Auswertung der Daten fiel ihr allerdings ein Signal auf, das weder zu den gesuchten Quasaren zu gehören schien noch auf terrestrische Störsignale zurückzuführen war. Es bestand aus extrem kurzen Signalpulsen mit Perioden von weniger als einer Zehntelsekunde. Nachdem ausgeschlossen war, dass das Signal von Außerirdischen stammte (wenn es von einem fernen, von Aliens bewohnten Exoplaneten gestammt hätte, hätte man die Spuren seines Laufs um die eigene Sonne sehen müssen), wurde die Entfernung der Signalquelle auf etwa 200 Lichtjahre bestimmt. Die kurze Pulsationsperiode ließ auf eine extrem kompakte, aber hochenergetische Quelle schließen. Heute weiß man, dass diese Art von Signalen von Pulsaren stammt, von schnell rotierenden Neutronensternen, deren Emission durch ein starkes Magnetfeld gebündelt wird. Bells Doktorvater erhielt für die Entdeckung 1974 den Nobelpreis.

Natürlich war es aber die entscheidende Leistung Bell Burnells, etwas in den Daten zu entdecken, wonach sie gar nicht gesucht hatte. Wichtige Faktoren, die eine Rolle für ihre Entdeckung gespielt haben, scheinen insofern zum einen zu sein, dass sie den Himmel abscannen konnte, ohne auf eine bestimmte Richtung festgelegt zu sein. Gleichzeitig hatte sie die Zeit und den Freiraum, den unerwarteten Signalen nachzugehen, ohne zu wissen, ob dabei tatsächlich etwas Interessantes herauskommen würde. Bell Burnell nimmt ihre Entdeckung nach wie vor zum Anlass, an die Forschungscommunity zu appellieren, dass Beobachtungsanträge eben nicht immer so detailliert und vorhersagbar sein sollten, dass im Grunde nichts mehr schiefgehen kann. Forschung braucht Mut zum Risiko, denn wenn man gezwungen ist, schon im Vorfeld genau zu beschreiben, was man zu sehen erwartet, ist die Gefahr groß, dass man tatsächlich auch nur genau das sieht.

Die NASA hat aus diesem Grund seit einigen Jahrzehnten ein Programm aufgelegt, in dem explizit riskante Forschungsprojekte gefördert werden. Auch die großen Teleskope gehen auf diese Gefahr ein, indem sie zum einen sogenannte »Direktorenzeit« einplanen, einen bestimmten Anteil der verfügbaren Beobachtungszeit, der durch den Direktor des Beobachtungsprogramms frei für Programme eingesetzt werden kann, die sich auf unerwartete, vorübergehende Himmelserscheinungen beziehen, deren Beobachtung eine schnelle Reaktion erfordert, oder solche, die im regulären Antragsverfahren nur geringe Chancen hätten. Diese Zeit wird gerne für neuartige oder unkonventionelle Risikoprojekte genutzt. Auf diese Weise entstand unter anderem im Jahr 1995 mit dem Hubble Space Telescope (HST) das berühmte Hubble Deep Field: Der damalige Direktor Robert Williams entschied sich, das HST für einen Großteil der Zeit, die er mit dem Hubble-Teleskop zur Verfügung hatte, auf einen winzigen Flecken am Himmel weit entfernt von der Scheibe der Milchstraße zu richten. Heraus kam eines der spektakulärsten astronomischen Bilder des Hubble Space Telescope, das zeigt, dass das Universum voll ist von Galaxien unterschiedlichster Form und Ausprägung: Je tiefer (das heißt praktisch »je länger«) man in das All und somit in die

Vergangenheit hineinschaut, desto mehr Galaxien entdeckt man, ohne dass die Vielfalt ein Ende zu haben scheint. Ohne die Verfügbarkeit von Direktorenzeit hätte man eine so zeitaufwendige Beobachtung mit ungewissem Ausgang kaum realisieren können.

Zum anderen gibt es an vielen Teleskopen mindestens einen Teil der Beobachtungszeit, der für sogenannte »Survey-Beobachtungen« reserviert ist, das heißt für Beobachtungen ohne klar vordefiniertes Beobachtungsziel, bei denen einfach nur der Himmel abgescannt wird. In diesem Modus wurde auch das Teleskop betrieben, mit dem Jocelyn Bell Burnell die Pulsare entdeckte. Auch diese Art der Teleskopnutzung scheint besonders gut dafür geeignet zu sein, kosmische Überraschungen zuzulassen.

Die Möglichkeit kosmischer Entdeckungen hat aber neben der Gefahr zu konkreter, »blind machender« Erwartung noch einen weiteren Aspekt, den Jocelyn Bell Burnell anhand ihrer Geschichte betont: Wenn etwas Unerwartetes in den Daten auftaucht, muss man sicher sein können, dass es nicht auf eine Fehlfunktion des Teleskops zurückzuführen ist, dass die Beobachtung also wirklich unerwartete Informationen über das Universum beinhaltet und kein bloßes Artefakt ist. Dadurch dass Jocelyn Bell Burnell das Teleskop, das sie für ihre Arbeit nutzte, selbst mit aufgebaut hatte, kannte sie das Verhalten des Teleskops gut genug, um einen technischen Defekt als Ursache des seltsamen Signals auszuschließen. Die erfolgreiche Interpretation astronomischer Daten erfordert daher auch immer ein gewisses Maß an technischem Wissen, zumindest dann, wenn man mit der Frage konfrontiert wird, ob am Teleskop alles so gelaufen ist, wie es sollte.

WENN DICH HALBLEITERDETEKTOREN
HASSEN

Die moderne Arbeitsteilung, die heute in allen Gebieten unserer Gesellschaft Einzug gehalten hat, macht auch nicht vor der Wissenschaft halt. Während man noch vor einigen Jahrzehnten davon ausgehen konnte, dass derjenige Astronom, der bestimmte astronomische Daten veröffentlicht, diese Daten auch selbst am Teleskop aufgenommen hat, ist dies heute nicht mehr unbedingt der Fall. Selbst »beobachtende Astronomen«, also diejenigen Astronomen, deren Arbeit sich mit der Bearbeitung und Analyse von Daten beschäftigt, müssen heute nicht mehr notwendigerweise wirklich selbst beobachten. Sofern ein Beobachtungsantrag erfolgreich war und entsprechend Zeit am Teleskop zur Durchführung dieser Beobachtungen reserviert wurde, gibt es prinzipiell vier verschiedene Möglichkeiten, wie diese Beobachtungen durchgeführt werden können.

Entweder der Astronom reist ans Teleskop und führt die Beobachtungen, normalerweise unterstützt durch einen lokalen Techniker, selbst durch. Alternativ kann man sich bei vielen Teleskopen per Internet mit dem Teleskop verbinden und die Beobachtungen aus der Ferne durchführen, auch hier meistens unterstützt durch Techniker oder Wissenschaftler vor Ort. Bei diesen Beobachtungsmodi ist der Astronom, der später mit den Daten arbeiten wird, direkt informiert über die Bedingungen am Teleskop und den konkreten Ablauf der Beobachtungen. Das ist nicht der Fall, wenn die Beobachtungen im Service-Modus durchgeführt werden, der Astronom die beantragten Daten also am Ende der Beobachtungssaison fertig zugeschickt bekommt, nachdem die Techniker und Wissenschaftler vor Ort am Observatorium die Beobachtungen eigenständig durchgeführt haben. Diese Arten von Beobachtungen gibt es aus offensichtlichen Gründen nur bei erdgebundenen Teleskopen. Weltraumteleskope dagegen funktionieren vollständig im ferngesteuerten Modus: Die Beobachtungsanweisungen werden zum Instrument gefunkt, und der Satellit funkt die Daten später zurück.

Traditionell spielte der verantwortliche Wissenschaftler bei der Aufnahme seiner Daten eine große Rolle: Dass der Beobachter selbst zum Teleskop reist oder zumindest von Weitem die Beobachtungen verfolgt, ist der historisch etablierte Modus. Dafür spricht, dass er auf diese Art viele Zusatzinformationen erhält, die in den Daten selbst nicht in dieser Vollständigkeit enthalten sind: Wie hat sich das Wetter während der Beobachtungen entwickelt? Gab es technische Unregelmäßigkeiten? Legt ein erster, schneller Blick auf die Daten bereits eine Nachjustierung der Beobachtungseinstellungen nahe? Ein echtes »Gefühl für die Daten« erlangt man am einfachsten, wenn man bei der Entstehung der Daten live dabei ist. Gleichzeitig ist es natürlich sehr aufwendig, Astronomen regelmäßig für wenige Tage durch die ganze Welt reisen zu lassen, nur damit sie für einige Stunden ein Teleskop benutzen können. Auch die ferngesteuerte Benutzung von Teleskopen ist aufgrund von Zeitverschiebungen zwischen Teleskop und Beobachter und regelmäßig auftretenden, technischen Kommunikationsproblemen zuweilen tückisch.

Dazu kommt, dass heutige Astronomen meistens mit vielen verschiedenen Instrumenten arbeiten, um einen möglichst umfassenden Blick auf ihr Forschungsobjekt zu bekommen. Jedes Teleskop basiert aber auf einer anderen, komplizierten Beobachtungstechnologie, die man verstehen muss, um überhaupt erst einen technisch durchführbaren Beobachtungsantrag zu stellen. Dieses detaillierte technische Wissen für verschiedenste Teleskope zu besitzen, zusätzlich zum astrophysikalischen Wissen, das man als Forscher benötigt, ist heute fast unmöglich geworden. Auch das mag ein Grund dafür sein, warum heute große erdgebundene Observatorien immer mehr dazu übergehen, Beobachtungen im Service-Modus durchzuführen. Die Daten werden von den Observatorien gebrauchsfertig verschickt, und der Astronom muss sich mit den zugrunde liegenden technischen Details so wenig wie möglich herumschlagen.

Nachdem ich nach meinem ersten Beobachtungseinsatz in Chile wieder nach Deutschland zurückgekehrt war, lernte ich einen Doktoranden kennen, der genau die Art von Detektoren entwickelte, mit denen ich mich am Teleskop herumgeplagt hatte. Während ich mich beklagte, dass das Tuning, also die Optimierung der Einstellungen, so kompliziert war, beschwerte er sich darüber, dass die doofen Beobachter ohne technisches Verständnis gar nicht das Optimum aus den von seiner Gruppe entwickelten Geräten herausholen würden. Wir verabredeten uns schließlich zu einer detaillierten Einführung in die Welt der Halbleiterdetektoren. Vorher hatte ich die Teleskopgeräte notgedrungen behandelt wie mystische Wesen: »Wenn die Kurve auf dem Display in etwa so aussieht wie hier, dann ist es gut.« Und ob die Kurve wirklich so aussah, wie sie sollte, erschien zu einem gewissen Grad vom guten Willen der Technik abhängig (ein Kollege machte mich vor meinem Chile-Trip darauf aufmerksam, dass das Geratter der Geräte nach einigen Stunden bei sauerstoffarmutgetrübter Wahrnehmung so klingt wie ein dauerhaftes »HateyouHateyouHateyou« – ich konnte das bestätigen).

In meiner Einführung durch den Detektorenentwickler lernte ich schließlich, dass Lichtphotonen im Detektor quantenmechanische Elektronen-Cooper-Paare in einem supraleitenden Kontakt auseinanderbrechen und dass diese zerteilten Elektronenpaare die detektierte elektromagnetische Strahlung mit höchster Genauigkeit in eine messbare Spannung übersetzen. Ganz schön kompliziert. Um zu verstehen, was im Teleskop passiert, braucht man also ein solides Wissen der Tieftemperatur- und Halbleiterphysik. Oder zumindest einen geduldigen Kollegen. Nicht zufällig versuchen große astrophysikalische Institute oft, auch eine Forschungsgruppe vor Ort zu haben, die sich der Entwicklung von Beobachtungstechnologie widmet. Das sichert nicht nur den privilegierten Zugang zu Daten, die mit den neu entwickelten Instrumenten aufgenommen werden, sondern ermöglicht auch die so wichtige informelle Kommunikation unter Kollegen, bei denen die Astronomen ihre technisch versierten Kollegen zu Details der Datenerzeugung löchern können.

ooo

Mein Vater erinnert sich dunkel: »Ah stimmt, irgendwas von neuen Beobachtungen habe ich neulich im Fernsehen gesehen. Das klang beeindruckend, aber auch sehr kompliziert.«

»Die Idee ist, dass die Auflösung der Beobachtungen irgendwann so gut wird, dass man das Schwarze Loch richtig sehen kann. Nicht mehr nur die Sterne und das Gas in einiger Entfernung, sondern so nah, dass man das Schwarze Loch quasi dabei beobachten kann, wie es Materie schluckt.«

»Was sieht man denn, wenn man ein Schwarzes Loch sieht?«

»Man sieht, dass sich der Raum um das Schwarze Loch so sehr krümmt, dass man mehrere Abbildungen dessen sieht, was hinter dem Schwarzen Loch ist. Außerdem sieht man das Gas, das in das Schwarze Loch fällt und das sich wie ein Halbmond um den Schatten des Schwarzen Lochs wölbt. Je mehr Details man sieht, desto verrückter wird es vermutlich aussehen. Du hast ja den Film *Interstellar* nicht gesehen, aber da haben die das realistisch simuliert.«

»Und wie beobachtet man das genau?«

»Je größer das Teleskop, desto mehr Details sieht man. Um das Schwarze Loch selbst zu sehen, also den Radius, ab dem nichts mehr dem Einfluss des Schwarzen Lochs entkommen kann, bräuchte man ein Teleskop, das mindestens so groß ist wie die Erde.«

»Das ist dann wohl recht hoffnungslos, oder?«

»Nein das geht, man muss nur einen Trick anwenden und Teleskope auf der ganzen Erde so zusammenschalten, dass sie ein Riesenteleskop simulieren. Teleskope in Europa, in Chile, auf Hawaii, am Südpol …«

»Und das funktioniert?«

»Erstaunlicherweise schon. Das ist wahrscheinlich auch das, was du im Fernsehen gesehen hast. Das ist eine Technik, die man jetzt das erste Mal zum Studium des supermassereichen Schwarzen Lochs in unserer Milchstraße angewandt hat.«

»Macht da auch das Teleskop mit, wo du in Chile warst?«

»Nein, das ist zu klein. Aber das Nachbarteleskop macht mit, das ALMA-Observatorium.«

»Und mit solchen Beobachtungen entdeckt man dann automatisch etwas Neues?«

»Ja, davon kann man ausgehen. Wenn man in der Astronomie eine neue Beobachtungstechnik das erste Mal nutzt, wird es eigentlich fast immer spannend. Sonst wäre man diesen Aufwand auch gar nicht eingegangen, da sind ja schließlich einige der besten Teleskope beteiligt. Und Beobachtungszeit ist ja teuer. Schon allein ALMA kann momentan nur einen kleinen Bruchteil der Beobachtungsanträge genehmigen, die gestellt werden. An so einem Observatorium ein großes Projekt bei bestem Wetter durchzukriegen, ist nicht so einfach.«

5.

DER DATENSCHATZ DER
ASTRONOMEN

LICHT UND ANDERE INFORMATIONSTRÄGER –
EINE KLEINE TYPOLOGIE

Astronomische Daten sind der Grundstoff astrophysikalischer
Forschung. Mit Daten jeder erdenklichen Form schlagen wir
uns ja auch im Alltag zur Genüge herum, aber wie sehen astronomische Daten konkret aus? Was sind die Beobachtungsdaten,
die Astronomen so dringend brauchen, um ihre Hypothesen zu
möglichen kosmischen Szenarien zu prüfen, um in Sherlock-
Holmes-Manier neue Indizien zu sammeln und wissenschaftliche Rätsel aufklären zu können?

Wie schon oben beschrieben, hat die Gestalt astronomischer
Daten historisch einen radikalen Wandel erlebt. Über Jahrtau-
sende waren astronomische Daten das, was man mit bloßem
Auge zusammen mit einfachen Hilfsmitteln wie Peilgerätschaf-
ten beim Betrachten des Nachthimmels sehen konnte. Daraus
resultierten Sternkarten und Kalender, in denen die zu erwartenden Veränderungen am Nachthimmel vorhergesagt wurden.
Erst mit der Erfindung des Teleskops begannen sich die Daten
langsam von der sinnlichen Alltagserfahrung abzukoppeln. Ga-
lileo Galilei fertigte von den Jupiter-Monden Zeichnungen an,
so wie er sie zu verschiedenen Zeitpunkten durch sein Fernrohr
sah. Diese Daten publizierte er daraufhin, sodass jeder Galileis
Schlussfolgerungen vor dem Hintergrund der Messdaten beurteilen konnte. Bis ins 19. Jahrhundert hinein bestanden astrono-

93

mische Daten vor allem aus Himmelskoordinaten und Hellig-
keitsangaben der sichtbaren Himmelserscheinungen, beruhend
auf dem sichtbaren Licht, so wie wir es mit unseren Augen
wahrnehmen. Die im 19. Jahrhundert aufkommende Idee, nicht
nur die Lichtstärke, also die Intensität, zu nutzen, sondern auch
die Informationen zu verwenden, die im elektromagnetischen
Spektrum versteckt sind, war ein weiterer, diesmal fundamenta-
ler Schritt dahin, die astronomischen Daten vom sinnlich Wahrnehmbaren zu entfernen. Wenn man weißes Licht mit einem
Prisma aufspaltet, kann man Licht verschiedener Farbe oder
Wellenlänge und damit auch verschiedener Energie studieren.
Die Lichtstärke bei verschiedenen Wellenlängen gibt Hinweise
auf die chemische Zusammensetzung der Himmelsregion, aus
der das Licht stammt, da jedes chemische Element seinen eigenen spektralen Fingerabdruck besitzt. Verschiedene chemische
Spezies hinterlassen ihre charakteristischen Fingerabdrücke
außerdem in leicht unterschiedlicher Art und Weise, abhängig

von den jeweiligen Umgebungsbedingungen, sodass spektrale
Informationen noch sehr viel mehr Daten enthalten als nur die
chemische Zusammensetzung der Ursprungsregion.

Dies gilt natürlich nicht nur für die Wellenlängen des optischen Spektrums, sondern auch für Strahlung bei längeren und
kürzeren Wellenlängen, bei hochenergetischer Röntgen- und
niederenergetischer Radiowellenstrahlung. Allerdings kommt
ein großer Teil der elektromagnetischen Strahlung, die im Universum erzeugt wird, auf der Erde gar nicht an. Unsere Atmosphäre ist nur durchlässig für optisches Licht und elektromagnetische Strahlung bei Radiowellenlängen. Das sogenannte
Radiofenster wird zu beiden Seiten physikalisch begrenzt: Radiostrahlung bei Wellenlängen, die länger als 30 Meter sind,
wird durch das Magnetfeld der Erde reflektiert. Wellenlängen,
die kürzer sind als fünf Millimeter, werden zunehmend durch
die Bestandteile der Erdatmosphäre wie Wasserdampf und

Sauerstoff absorbiert. Der auf der Erde empfangbare Radio-wellenbereich wurde astronomisch erst im letzten Jahrhundert erschlossen, und das zunächst auch nur, weil er als Störsignal in terrestrischer Radiowellenübertragung auftauchte. Von den AT&T Bell Labs dafür angestellt, diesem Störsignal auf den Grund zu gehen, entdeckte Karl Jansky in den 1930er-Jahren, dass das Zentrum der Milchstraße eine Quelle dieser störenden Radiostrahlung ist, die, wie man heute weiß, von einem super-massereichen Schwarzen Loch ausgesendet wird. Seit dem Zwei-ten Weltkrieg ist die Radioastronomie ein florierender Zweig der Astronomie, deren riesige Teleskope überall auf der Welt zu finden sind.

Radioastronomen haben mittlerweile allerdings mit einem ähnlichen Problem zu kämpfen wie ihre optischen Kollegen – auch bei Radiowellenlängen ist der Blick in den Himmel durch unsere allgegenwärtigen Technologien gestört: Radio- und Fernsehübertragung, Satellitenprojekte, Handykommunikati-on, Abstandsradarsysteme bei Autos, all diese Störeinflüsse las-sen Radioteleskope in den entsprechenden Frequenzbereichen blind werden für Signale aus dem Universum. Es wurden da-her einige speziell für radioastronomische Beobachtungen ge-schützte Frequenzbereiche eingerichtet, die allerdings immer wieder erbittert verteidigt werden müssen. Beispielsweise gab es 2015 einen Rechtsstreit zwischen einer Herstellungsfirma von Roboterrasenmähern und dem US-amerikanischen Natio-nal Radio Astronomy Observatory, weil die Firma ihre Roboter auf genau der Frequenz steuern wollte, auf der kosmische Met-hanolmoleküle beobachtet werden. Manchmal machen sich Ra-dioastronomen ihre Störsignale allerdings auch selbst. Am aus-tralischen Parkes-Radioteleskop wurden wiederholt merkwür-dige Signale beobachtet, die nach ausgedehnter Suche auf die lokale Mikrowelle zurückgeführt werden konnten, wenn diese geöffnet wurde, bevor sie ihr Programm beendet hatte.

Wenn man Wellenlängenbereiche beobachten will, die von der Erdatmosphäre absorbiert werden, muss man naheliegenderweise versuchen, den Einfluss der Erdatmosphäre zu minimieren, oder gleich auf Weltraumteleskope zurückgreifen. Im Infraroten, also im Bereich der direkt an das optische Spektrum angrenzenden Wellenlängen, gibt es zwar einige Fenster in der Atmosphäre, aber der größte Teil der Strahlung kann nur mit Beobachtungsballons, Flugzeugobservatorien wie dem SOFIA-Projekt oder Satelliten wie dem Herschel-Weltraumteleskop oder dem geplanten James-Webb-Weltraumteleskop beobachtet werden. UV-Strahlung wird durch die Ozonschicht abgefangen. Die ersten kosmischen Beobachtungen im Ultravioletten wurden daher erst möglich, als 1972 der erste UV-Satellit Copernicus gestartet wurde. Auch das Hubble Space Telescope führte in seiner Anfangszeit Beobachtungen im Ultravioletten durch. Bei noch kürzeren Wellenlängen als dem UV-Bereich sieht man dann erst einmal selbst mit Satelliten nichts mehr, da dann das interstellare Medium, das heißt das Gas zwischen den Sternen, die Strahlung abfängt. Der nächste Bereich, in dem man das Universum wieder beobachten kann, ist der Röntgenbereich, der seit den 1960er-Jahren astronomisch mit Ballons, Raketen und Satelliten genutzt wird. Bei noch höheren Energien schließt sich der Bereich der Gammastrahlung an, der in den 1950er-Jahren erstmals theoretisch postuliert wurde und Photonen im Energiebereich von einigen Kilo- bis Megaelektronenvolt umfasst.

Die Wellenlängen jenseits des für Menschen sichtbaren, optischen Spektrums sind zentrale Informationsquellen für die Astrophysiker, denn jeder Wellenlängenbereich informiert über andere Energiebereiche und damit über andere Aspekte der beobachtbaren Phänomene in unserem Universum: Mit der sehr langwelligen Radiostrahlung kann man neutralen Wasserstoff beobachten, man weist Pulsare, Schwarze Löcher, Magnetfelder,

Staub oder freie Elektronen nach. Millimeterstrahlung birgt wichtige Informationen über Moleküle und Sternentstehungsregionen, genau wie auch Strahlung im Infraroten. Im optischen und UV-Bereich sieht man nicht nur die Sterne, sondern bekommt auch Informationen über die vorliegende Chemie. Sterne wie unsere Sonne, aber auch ferne, aktive Galaxienkerne senden Röntgenstrahlung aus, Gammastrahlung wird von hochenergetischen kosmischen Ereignissen ausgesandt, wie dem Kollaps massereicher Sterne oder der Verschmelzung von Neutronensternen.

Astronomische Beobachtungen beziehen sich heute aber nicht nur auf elektromagnetische Strahlung bei verschiedenen Wellenlängen. Auch die sogenannte kosmische Strahlung, bestehend aus hochenergetischen Elementarteilchen und Atomkernen, kann genutzt werden, um Prozesse wie beispielsweise Supernovaexplosionen zu verstehen. Kernprozesse, wie sie im Inneren der Sonne stattfinden, können durch Neutrinos nachgewiesen werden. Gewaltige Prozesse, wie die Verschmelzung verschiedener Schwarzer Löcher, bringen die Raumzeit so zum Schwingen, dass sie durch Gravitationswellen beobachtet werden können.

JENSEITS DER SINNE

Der Großteil astronomischer Daten übersteigt damit den Bereich unserer menschlichen Wahrnehmung. Diese Situation ist vergleichbar mit derjenigen, der wir beim Studium des Mikrokosmos begegnen. Auch hier kommen wir mit unserer menschlichen Wahrnehmung relativ schnell nicht mehr weiter. Wir hatten ja schon gehört, dass insbesondere Philosophen mit dieser Tatsache nicht immer sehr glücklich waren: Sind nicht unsere Sinne diejenige Verbindung zur Welt, auf die wir uns am zuverlässigsten verlassen können? Wie können wir sicherstellen, dass wir uns von den komplexen, die Welt unserer Sinne erweiternden Technologien nicht hinters Licht führen lassen?

Anders als bei der Beobachtung von mikroskopischen Objekten wie Atomen oder Elektronen haben kosmische Objekte aber Ausmaße, die es zumindest theoretisch möglich erscheinen lassen, sie auch mit menschlichen Sinnen wahrnehmen zu können. Wir können uns relativ einfach vorstellen, in ein Raumschiff zu steigen und den Pferdekopfnebel von Nahem zu bestaunen oder der Sombrero-Galaxie in ihrer rätselhaften Schönheit entgegenzufliegen. Wenn Astronomen davon sprechen, dass sie einen jungen Stern, ein Schwarzes Loch oder das Zentrum einer Galaxie beobachtet haben, hört es sich fast so an, als hätten sie einen Vogel oder eine Kumuluswolke beobachtet. Und das wiederum klingt erkenntnistheoretisch ziemlich harmlos, sehr viel harmloser jedenfalls, als wenn ein Festkörperphysiker davon berichtet, er habe Elektronen beobachtet, die man unter keinen Umständen mit bloßem Auge sehen kann. Trotzdem ist natürlich etwas ganz anderes als alltägliche Wahrnehmung gemeint, wenn Astrophysiker von Beobachtungen berichten, da diese auf komplexer Beobachtungstechnologie und nicht trivialer Datenauswertung beruhen. Insofern muss man bei diesem Sprachgebrauch ein bisschen auf der Hut sein.

Der US-amerikanische Philosoph Dudley Shapere hat diesen Punkt schon 1982 genauer analysiert. Sein Fallbeispiel ist die astronomische Beobachtung des Inneren der Sonne. Aus dem zentralen Bereich der Sonne, in dem bei Temperaturen von 15 Millionen Grad Wasserstoff zu Helium fusioniert wird, erreicht uns keine elektromagnetische Strahlung, da diese die umliegenden Schichten der Sonne nicht direkt durchdringen kann. Was wir sehen, wenn wir die Sonne sehen, sind nur ihre äußersten Schichten oberhalb der Fotosphäre, ihr Innerstes ist für uns unsichtbar. Es gibt allerdings einen Informationsträger,

WAS MACHST DU, SCHATZ?

ICH BEOBACHTE DIE TASTATURANSCHLÄGE DER ZEITUNGSREDAKTEURE.

HERR SCHMID WAR EMERITIERTER NEUTRINOPHYSIKER UND HATTE LANGE DAS INNERE DER SONNE BEOBACHTET...

den wir direkt aus dem Innersten der Sonne empfangen, und das sind Neutrinos, die dort bei Kernfusionsprozessen entstehen. Neutrinos sind sehr leichte Elementarteilchen, die mit anderer Materie kaum wechselwirken und die äußeren Schichten der Sonne daher fast ungehindert durchqueren können. Es ist insofern auch nicht einfach, Neutrinos zu detektieren. Erstmalig gelang dies in den späten 1960er-Jahren mithilfe riesiger, mit Perchlorethylen gefüllter Tanks, tief eingegraben in unterirdischen Minen. Wenn die Neutrinos mit einem in der Flüssigkeit enthaltenen Chlorisotop wechselwirken, entsteht radioaktives Argon, das dann für den indirekten Nachweis der Neutrinos genutzt werden kann.

Auf diese Weise ist es also tatsächlich möglich, das Innere der Sonne zu beobachten. Oder zumindest behaupten dies die Astrophysiker in ihren Veröffentlichungen. Aber kann man hier wirklich von einer Beobachtung des Inneren der Sonne sprechen, obwohl man nichts wirklich sehen kann? Sollte man nicht lieber sagen, dass man Neutrinos dafür nutzen kann, etwas über das Innere der Sonne auszusagen? Wenn man in diesem Beispiel etwas beobachtet, dann ja wohl eher den Zerfall von Argon in einem unterirdischen Tank. Alles andere wird dann daraus in komplizierter Art und Weise abgeleitet. Mit anderen Worten: Diese Art von Beobachtung beruht auf einer ganzen Menge Hintergrundwissen und eingehender Theorie.

Genau dies ist der Punkt, an dem sich viele Philosophen immer wieder gestört haben, und der Grund, warum sinnliche Beobachtung als verlässlicher eingeschätzt wurde als Beobachtungen, die mit komplexen experimentellen Gerätschaften gemacht werden: Wenn unsere empirischen Beobachtungen selbst schon von unseren Theorien abhängen, wie können wir sie dann nutzen, um diese gleichen Theorien zu prüfen? Ist das nicht ein gefährlicher Zirkelschluss, in den wir hier hineinlaufen? Um diesen Vorwurf zu prüfen, versucht Shapere in seinem Aufsatz besser zu verstehen, was Astrophysiker mit dem Ausdruck »Beobachtung« meinen – und an welchen Stellen der Neutrinobeobachtung welche Art von Hintergrundwissen eine Rolle spielt.

Als Beobachtung wird nach Shapere ein Prozess bezeichnet, im Zuge dessen von einer Quelle ausgesandte Information nach direkter Übertragung zum Empfänger in einem Empfangsgerät detektiert wird. Relevant sind dabei erstens eine Theorie über die Quelle, zweitens eine Theorie darüber, was auf dem Weg zwischen Quelle und Empfänger passiert, und drittens die Theorie des Detektors. Im Fall der Neutrinos: In Bezug auf die Quelle brauchen Astrophysiker zunächst einmal eine sehr konkrete Idee vom Aufbau der Sonne und der Kernreaktionen, die in ihrem Inneren ablaufen und bei denen Neutrinos erzeugt werden. Hier spielen numerische Modelle eine große Rolle. Die Theorie der Quelle braucht man, um aus den beobachteten Neutrinos etwas über die Bedingungen im Inneren der Sonne ableiten zu können. In Bezug auf die Informationsübertragung ist die entscheidende Information, dass die Neutrinos auf ihrem Weg praktisch nicht gestört werden. Bei elektromagnetischer Strahlung ist das oft anders, und um aus ankommender Strahlung etwas über die Quelle zu lernen, muss man wissen, wie der Informationsträger auf dem Weg durch andere Einflüsse verändert wurde, die nichts mit der Quelle zu tun haben – ein nicht immer einfacher Punkt. Schließlich beinhaltet die Beobachtung der Neutrinos die Theorie des Detektors, das Wissen über die konkrete Wechselwirkung der Neutrinos mit der Detektorflüssigkeit, über deren Wahrscheinlichkeiten und über mögliche Störeinflüsse. Man muss konstatieren, dass man hier skeptischen Philosophen durchaus recht geben kann: Die Beobachtung beruht in der Tat auf ganz schön viel wissenschaftlicher Theorie.

Trotzdem gerät man mit diesem Vorgehen nach Shapere aber in kein Zirkelproblem, denn es gilt ein entscheidendes Detail zu beachten: Die Theorie, die man mit den Beobachtungen prüft oder entwickelt, und die Theorie, die in die Auswertung der Beobachtungen eingeht, sind voneinander verschieden (oder sollten dies zumindest sein). Daher setzt man nicht das bereits voraus, was man eigentlich herausfinden wollte. Gleichzeitig kann man die Theorie, die man voraussetzt, unabhängig anderweitig testen. Diese Situation ist laut Shapere gar nicht so anders bei »echten«, sinnlichen Beobachtungen mit den Augen als Detektoren, denn auch hier setzen wir vieles voraus, das wir aus unserer Erfahrung ableiten.

Ein Beispiel aus der Arbeit des Kriminalkommissars, die weitgehend auf sinnlicher Wahrnehmung basiert, wäre ein Zeuge, der nach einem Banküberfall aussagt, er habe einen Mann als Täter beobachtet. Dabei beruft er sich darauf, dass der Täter etwas mit tiefer Stimme gerufen habe. Stillschweigend vorausgesetzt sind bei dieser Aussage ebenfalls verschiedene Annahmen über Quelle, Informationsübertragung und Informationsdetektion: Der Zeuge geht unter anderem davon aus, dass eine tiefe Stimme auf einen männlichen Sprecher hinweist, dass die Stimme auf dem Weg zu seinem Ohr nicht verzerrt wurde und dass mit seinen Ohren so weit alles in Ordnung ist und er die

Stimme insbesondere nicht einfach halluziniert hat. Diese Annahmen sind aller Wahrscheinlichkeit nach kein Problem für die Glaubwürdigkeit der Aussage, denn sie wirken nicht sonderlich kontrovers. Problematisch würde es nur, wenn für die Beobachtung bereits das eine Rolle spielt, was eigentlicher Inhalt der Aussage ist. Wenn beispielsweise der Zeuge vorher in der Zeitung von einem Mann gelesen hat, der reihenweise Banken überfällt, und er deshalb unbewusst verleitet worden wäre, eine tiefe Frauenstimme für eine Männerstimme zu halten. Auf diese Art von »theoretischen« Annahmen, die einer Beobachtung zugrunde liegen und zu Zirkelschlüssen führen können, muss man daher besonders aufpassen, sowohl als Kriminalkommissar als auch als Astrophysiker.

Die Tatsache, dass Beobachtungen Wissen über die Quelle, die Informationsübertragung und die Informationsdetektion voraussetzen, scheint also eine recht allgemeine zu sein. Shapere rechtfertigt damit letztendlich die Angewohnheit von Astrophysikern, den komplexen Prozess der Detektion und Auswertung kosmischer Informationsträger lässig mit dem Ausspruch »wir haben XY beobachtet« abzukürzen. Es ist nur wichtig, im Kopf zu behalten, dass der Begriff »Beobachtung« auf zwei Ebenen verwendbar ist: einerseits auf der sinnlichen Ebene, andererseits auf einer allgemeineren Ebene im Sinne eines empirischen Wissenserwerbs über die Welt. Wenn Astrophysiker von Beobachtungen reden, dann meinen sie normalerweise die zweite Ebene, nicht die erste.

Dass dies in der Tat eine Quelle allgemeiner Verwirrung sein kann, merkt man immer wieder, wenn es zu medialer Aufregung darüber kommt, dass auf den so populären astronomischen Abbildungen kosmische Objekte oft »gar nicht so abgebildet sind, wie sie wirklich aussehen« – wie es der Fall ist, wenn beispielsweise Wellenlängenbereiche außerhalb des optischen Spektrums durch optische Farben repräsentiert werden. Natürlich liegt wie bereits oben beschrieben der Eindruck nahe, dass wir uns im Prinzip unseren Kosmos auch mit eigenen Augen anschauen können und dass es mangels geeigneter Raumfahrttourismus-Angebote der Job der Astrophysiker ist, uns diese Eindrücke dann eben als »Fotos« bereitzustellen. Aber man darf nicht vergessen, dass astronomischen Beobachtungen eine komplexe Technologie zugrunde liegt und dass das optische Universum nur einen sehr kleinen Teil der Daten liefert, mit denen Astrophysiker daran arbeiten, die Natur unseres Kosmos zu verstehen.

TELESKOPE –
WENN ES AUF GRÖSSE ANKOMMT

Astronomische Daten werden also erzeugt, indem aus dem Weltall ganz verschiedene Informationsträger empfangen werden: elektromagnetische Strahlung in einem breiten Bereich verschiedener Wellenlängen von Röntgenstrahlung bis zu Radiowellenlängen, Neutrinos, kosmische Strahlung und Gravitationswellen. Von jedem individuellen Informationsträger kann man etwas anderes über die kosmischen Phänomene und Prozesse lernen. Aber was bestimmt die Qualität einer astronomischen Beobachtung? Was macht die modernen Teleskope so viel besser als diejenigen, die wir noch vor wenigen Jahrzehnten benutzt haben?

Der offensichtlichste Aspekt ist wohl die Winkelauflösung, die sich im Laufe der Zeit immer weiter verbessert. Diese Entwicklung kennen wir von unseren Digitalkameras: Je mehr Pixel zur Verfügung stehen, um ein Bild abzudecken, desto schärfer ist es und desto mehr Details sind hinterher auf dem Foto zu erkennen. Wenn ein Gesicht durch ein einziges Pixel abgedeckt wird, sieht man nur einen hautfarbenen Fleck. Um aber ein Individuum zu erkennen, muss man die Auflösung so weit erhöhen, bis individuelle Details sichtbar werden. Das astronomische Äquivalent zu dem, was ein Kamerapixel abbildet, ist die Fläche an der Himmelssphäre, von der die Strahlung ausgesandt wird, die schließlich im Teleskopdetektor aufgezeichnet wird. Wie groß diese Fläche ist, hängt im Wesentlichen von der Größe des Teleskops und von der Wellenlänge ab, bei der man beobachtet. Je größer das Teleskop und je kürzer die Wellenlänge, desto kleiner die beobachtete Himmelsregion. Radioteleskope, wie das Effelsberg-100-Meter-Teleskop in der Nähe von Bonn, müssen daher sehr viel größer sein als beispielsweise optische Teleskope, um die gleiche Winkelauflösung zu erreichen. Das größte Radioteleskop der Welt ist seit 2016 das chinesische FAST-Teleskop, das in eine Geländemulde hineingebaut ist und einen Durchmesser von 500 Metern hat. Die Größe dieses Teleskops verhindert, dass man es noch frei beweglich bauen kann. Das größte frei bewegliche Teleskop ist das US-amerikanische Green-Bank-Observatorium mit 100 mal 110 Metern Größe. Bewegen muss man Einzelteleskope schon allein deshalb, weil sie per se erst einmal nur Ein-Pixel-Kameras sind. Wenn man ein richtiges zweidimensionales Bild haben möchte, muss man mit dem Teleskop den entsprechenden Bereich am Himmel abscannen. Wenn das Teleskop nicht beweglich ist, kann man für einen Scan zwar die Erddrehung nutzen und die Sichtrichtung des Teleskops in gewissem Maße dadurch beeinflussen, dass die Form der Antenne verändert wird, aber man ist natürlich deutlich eingeschränkt in seinem jeweiligen astronomischen Sichtfeld im Vergleich zu einem frei schwenkbaren Teleskop.

Offensichtlich sind der Größe der Teleskope rein praktische, technologische Grenzen gesetzt. Es gibt aber einen Trick, wie man diese Limitierung umgehen kann: Man schaltet verschiedene Teleskope zusammen und simuliert damit ein großes Teleskop, dessen Größe und Auflösung dem maximalen Abstand der zusammengeschalteten Teleskope entspricht. So ein Array aus Teleskopen nennt man ein Interferometer, das wir schon von meiner Beobachtung der Sternenembryos kennen. Dadurch dass Strahlung, die zwischen den Teleskopen ankommt, nicht detektiert wird, fehlt die entsprechende Information. Durch diese Technik bekommt man zwar sehr scharfe Bilder, aber es ist so, als hätte die Kamera vereinzelte Abbildungsausfälle. Um die zu füllen, gibt es raffinierte Techniken, aber letztendlich kauft man sich die hohe Detailschärfe der generierten Daten damit ein, dass man in Bezug auf manche Aspekte der Beobachtung schlau raten beziehungsweise interpolieren muss. Bei der Interpretation der entsprechenden Daten muss man diese Tatsache als Astronom immer im Kopf behalten, um nicht Dinge in die Daten hineinzuinterpretieren, die dort gar nicht enthalten sind.

Ein die Winkelauflösung limitierender Faktor für optische Beobachtungen ist der Einfluss der Erdatmosphäre. Bewegungen in der Luftsäule über dem Teleskop beschränken die maximal erreichbare Auflösung auf eine hundertstel Bogensekunde, zehn Mal kleiner als die scheinbare Größe Plutos. Man kennt dieses Phänomen, wenn man den Sternenhimmel mit bloßem Auge beobachtet: Die Sterne scheinen zu blinken, weil ihr Licht durch die Erdatmosphäre gestört wird. Zu einem gewissen Grad kann man den verwaschenden Einfluss der Erdatmosphäre zwar dadurch kompensieren, dass die Teleskopfläche in Echtzeit an die jeweiligen Luftbewegungen »adaptiv« angepasst wird. Die schärfsten Bilder bekommt man im optischen Wellenlängenbereich aber mit Satelliten wie dem Hubble Space Telescope oder der Gaia-Mission.

Ein weiterer entscheidender Faktor für die Qualität von Beobachtungsdaten ist die Empfindlichkeit des Beobachtungsinstruments: Wie schwach darf eine Quelle sein, dass man sie trotzdem noch feststellen kann? Diese Eigenschaft der Beobachtungsdaten hängt mit der Winkelauflösung zusammen. Je größer die Fläche am Himmel ist, von der man Strahlung empfängt, desto mehr Strahlung empfängt man in der Regel auch, sofern die Quelle entsprechend groß ist. Allerdings ist diese Abhängigkeit nicht sonderlich entscheidend, denn die Empfindlichkeit einer Beobachtung kann man einfach dadurch erhöhen, dass man länger hinschaut und Photonen über einen längeren Zeitraum hinweg »sammelt«. Das ist der Grund, warum die schon erwähnten Hubble-Deep-Field-Beobachtungen so einen tiefen Blick ins Universum erlaubt haben, bei dem man unfassbar weit entfernte Galaxien entdeckt hat: Der Direktor war entsprechend großzügig mit dem Einsatz seiner Direktorenzeit und ließ das Hubble-Weltraumteleskop bei vier verschiedenen Wellenlängen jeweils zwischen 30 und 45 Stunden lang denselben Himmelsausschnitt beobachten. »Großzügig« ist dabei durchaus auch finanziell gemeint, denn an großen Teleskopen ist Beobachtungszeit schon allein gemessen am finanziellen Einsatz für den Bau und Betrieb des Teleskops kostbar. Wenn man die Kosten für die Teleskop- und Instrumentenentwicklung zusammen mit den laufenden Kosten auf die verfügbare Beobachtungszeit umrechnet, würde eine Nacht am amerikanischen Keck-Teleskop auf Hawaii beispielsweise 55000 Dollar kosten, wie das National Optical Astronomy Observatory auf seiner Webpage vorrechnet. Für moderne Observatorien dürften die Kosten pro Nacht noch deutlich darüber liegen.

Noch eine charakteristische Eigenschaft astronomischer Beobachtungen ist ihre spektrale Auflösung: Welche Wellenlängen werden noch getrennt detektiert? Diese Eigenschaft ist insbesondere dann wichtig, wenn man Spektrallinien nachweisen will oder wenn man anhand des Dopplereffekts, also der Verschiebung von Spektrallinien im Spektrum sich bewegender Quellen, deren Geschwindigkeit messen möchte. Über die spektrale Auflösung entscheidet letztendlich die Detektortechnologie. Wenn man Phänomene wie Pulsare oder Supernovaexplosionen beobachtet, die zeitlich veränderliche Strahlung aussenden, spielt außerdem die zeitliche Auflösung einer Beobachtung eine Rolle für ihre wissenschaftliche Nützlichkeit: Wie fein kann man die zeitliche Entwicklung der Quelle in den Daten auflösen? Schließlich gibt es noch einen weiteren Parameter, der Beobachtungen charakterisiert, der mit der Natur elektromagnetischer Strahlung zu tun hat. Elektromagnetische Wellen besitzen eine Schwingungsrichtung senkrecht zu ihrer Ausbreitungsrichtung. Die Schwingungsrichtung kann ebenfalls Informationen enthalten, beispielsweise über Magnetfelder, die am Ort der Quelle vorliegen. Insofern ist es eine weitere Eigenschaft astronomischer Beobachtungen, ob sie diese Schwingungsrichtung, die sogenannte Polarisation, aufzeichnen können oder nicht, und wenn ja, welche.

Wenn man eine astronomische Beobachtung charakterisieren möchte, dann muss man alle diese verschiedenen Aspekte angeben: Welcher Informationsträger hat die Daten erzeugt? Welche Energie (oder im Fall von Photonen: welche Wellenlänge) hatte der Informationsträger? Welche Winkelauflösung haben die Beobachtungen? Welche Empfindlichkeit haben die Daten? Welche spektrale Auflösung? Welche zeitliche Auflösung liegt vor? Welche Polarisationsrichtung wurde im Fall elektromagnetischer Strahlung detektiert?

ooo

Mein Vater hat wahrscheinlich meine Wüstenfotos aus Chile vor Augen, auf denen nie etwas anderes als strahlend blauer Himmel zu sehen war, und wundert sich: »Welche Rolle spielt dabei noch mal genau das Wetter? In Chile in der Atacamawüste ist es doch sowieso nie wolkig. Hattest du nicht sogar erzählt, dass dort der trockenste Ort der Erde ist?«

»Ja, das stimmt. Aber wie gesagt, man kann das Schwarze

Loch wegen des Staubs im galaktischen Zentrum ja nicht bei optischen Wellenlängen beobachten. Stattdessen nimmt man längere Wellenlängen bei etwa einem Millimeter, die kommen durch den Staub durch. Allerdings ist da dann das Problem, dass das Wasser in der Erdatmosphäre die Strahlung abschirmt. Daher braucht man einen Berg, damit das Licht wenig Atmosphäre durchqueren muss, und am besten eine sehr trockene Region, damit gleichzeitig der Wassergehalt in der Luft niedrig ist.«

»Und das ist für alle Teleskope der Fall, die man zusammenschaltet, um das Schwarze Loch zu beobachten?«

»Ja genau. Allerdings muss dann auch noch an allen Standorten gleichzeitig gutes Wetter sein. Das macht das Ganze etwas schwierig.«

»Aber wie muss ich mir das dann genau vorstellen? Man schaltet alle Teleskope zusammen, und dann kommt ein Bild zustande, quasi so, wie wenn man ein Foto macht?«

»Nee, das ist viel komplizierter. Schließlich simuliert man nur ein Teleskop von der Größe der Erde, man hat aber ja nicht wirklich ein so großes Teleskop, sonst müsste man die Erdoberfläche ja mit Teleskopschüsseln füllen.«

»Und was heißt das?«

»Letztendlich heißt das, dass einem die Information, die dort ankommt, wo keine Teleskope stehen, fehlt. Man hat also sozusagen ein unvollständiges Bild. Da muss man dann komplizierte Computeralgorithmen anwenden, um die fehlende Information auszugleichen. Das heißt, um aus den vorliegenden Daten zu berechnen, wie die Quelle wahrscheinlich aussieht.«

»Wie, man ist gar nicht sicher, was man sieht?«

»Tatsächlich gibt es da eine Unsicherheit. Deshalb muss man die Algorithmen gut testen und viele verschiedene Wege der Datenauswertung ausprobieren. Letztendlich hat man die Unsicherheiten dann aber gut im Griff.«

»Das ist mir jetzt ein bisschen zu abstrakt. Kann ich mir nicht vorstellen.«

»Na ja, wie immer ist es auch hier einfach wichtig, dass man sich bewusst macht, welche Annahmen in die Datenauswertung einfließen. Man muss vor allem vermeiden, dass die eigenen Erwartungen das beeinflussen, was man dann auch wirklich sieht. Aber das hat man ziemlich gut im Griff.«

»Na wenn du meinst. Dann muss ich das wohl glauben.«

»In jedem Fall wird die Qualität der Daten ja auch immer besser. Und auch hier hat man wieder den Fall: Wenn man wirklich falschgelegen hat, dann entstehen früher oder später Widersprüche. Zum Beispiel dass man mit anderen Beobachtungen etwas anderes sieht. Dann muss man alles noch einmal extra gründlich durchchecken.«

»Aber wenn man jetzt schon mit den zusammengeschalteten Teleskopen die Größe der Erde erreicht hat, dann geht's ja gar nicht mehr größer. Irgendwann können die Beobachtungen dann doch gar nicht mehr besser werden.«

6

DATEN UND PHÄNOMENE

EINE KARTE DES UNIVERSUMS

Sieben Parameter braucht man also, um eine astronomische Beobachtung vollständig zu beschreiben: den Informationsträger, dessen Energie oder Wellenlänge, die Empfindlichkeit, spektrale und zeitliche Auflösung der Beobachtung sowie bei elektromagnetischer Strahlung deren Polarisation. Der technologische Fortschritt bezieht sich insbesondere auf die Verbesserung der Winkelauflösung, der Empfindlichkeit und der spektralen Auflösung. Können astronomische Beobachtungen immer besser werden, wenn wir nur immer mehr Zeit und Geld investieren? Sind dem Fortschritt fundamentale Grenzen gesetzt? Oder wie meine Mutter neulich formulierte, als sie in den Nachrichten von der Planung eines neuen, noch größeren Teleskops in den chilenischen Anden hörte: »Seid ihr Astronomen nicht irgendwann auch mal fertig und habt alles beobachtet, was ihr beobachten wollt?«

Diese Frage hat sich der Astrophysiker Martin Harwit auch schon 1981 gestellt: Wie weit sind wir, global gesehen, momentan mit der Beobachtung des Kosmos? Oder etwas anders formuliert: Werden wir irgendwann alle kosmischen Phänomene entdeckt haben, sodass neue Beobachtungen uns nichts fundamental Neues mehr bringen werden, sondern nur noch Verfeinerungen des alten Wissens?

Harwit hatte dabei ein ähnliches Schicksal der Astronomie im Kopf, wie es bereits die Geografie ereilt hat. Lange Zeit gab es auf unserer Erde noch viele weiße Flecken. Insbesondere im 15. und 16. Jahrhundert wurde man ziemlich schnell zum Entdecker, indem man einfach nur in einen Teil der Erde reiste, in den vorher noch niemand (zumindest kein Europäer) gereist war. Solche Flecken gibt es heute nicht mehr. Wir kennen zwar immer noch nicht unbedingt jedes Sandkorn, aber es ist ziemlich unwahrscheinlich, heute noch einen neuen Berg oder einen neuen Ozean zu entdecken. Spätestens seit der umfassenden Kartierung unserer Erde durch Satelliten erwarten wir keine fundamentalen Entdeckungen und Überraschungen mehr. Dass wir irgendwann diesen überraschungslosen Zustand erreichen würden, ist selbst wiederum keine große Überraschung. Schließlich ist unsere Erde eine (leicht abgeflachte) Kugel mit endlicher Oberfläche von etwa einer halben Milliarde Quadratkilometern, von denen rund 71 Prozent von Meeren bedeckt sind. Das heißt, mit der aktuellen Weltbevölkerung könnte man etwa 50 Menschen jeweils einen Quadratkilometer der Landoberfläche der Erde durchforsten lassen, und wir wären fertig mit der Erderkundung. Etwas anders sieht es in der Tat nach wie vor mit der vollständigen Kartierung der Tiefsee aus, die wir erst heute nach und nach ergründen. Aber auch da ist die Aufgabe zumindest überschaubar, wenn auch im Detail technisch anspruchsvoll.

Mit der Erkundung des Universums sieht es im Vergleich sehr viel schwieriger aus, angesichts der unfassbaren Größe des Weltalls scheinen wir auf den ersten Blick relativ chancenlos. Chancenlos sind wir natürlich sowieso, wenn es uns darum geht, das Universum reisend zu erkunden. Aber wie weit können wir mit unseren Beobachtungen kommen? Die Antwort auf diese Frage führt zurück auf die Parameter, die eine astronomische Beobachtung charakterisieren. Es könnte theoretisch sein, dass wir immer mehr neue Informationsträger finden, so wie 2016 die Gravitationswellen. Und es könnte sein, dass wir die

Qualität unserer astronomischen Beobachtungen unbegrenzt immer weiter verbessern. Beobachtende Astronomen würden dann niemals arbeitslos werden, sie würden im Zuge des technischen Fortschritts immer noch mehr Gebiete des Universums noch besser sehen. Ist das die Situation, in der wir uns befinden? Martin Harwit sagt: Nein.

Die Zahl der möglichen Informationsträger scheint nach allem, was wir über unser Universum theoretisch wissen, beschränkt zu sein: Es gibt Photonen, Neutrinos, kosmische Festkörper wie Meteore und Meteoriten, kosmische Strahlungspartikel und Gravitationswellen, die uns aus dem Universum erreichen. Dass es darüber hinaus noch zusätzliche Informationsträger gibt, ist nicht sehr wahrscheinlich, sofern wir mit unseren physikalischen Theorien nicht ganz falschliegen. Schließlich schreiben diese Theorien genau vor, welche vier fundamentalen Kräfte es in der Welt gibt (nämlich die Gravitation, die elektromagnetische, die schwache und die starke Kernkraft) und welche Rolle sie für die Übertragung von Informationen spielen können. Könnten wir die oben genannten fünf Informationsträger aber wenigstens dafür nutzen, immer neue Wellenlängen oder Energiebereiche zu erkunden, die uns Informationen über immer weitere Aspekte des Universums liefern?

Die Energien der Informationsträger, die uns erreichen, sind leider ebenfalls beschränkt. Elektromagnetische Wellen, die Informationsträger, die wir bisher bei Weitem am meisten nutzen, um etwas über das Universum zu lernen, können wir beispielsweise nur in einem mittleren Energiebereich empfangen. Wellenlängen, die länger sind als drei Kilometer, werden durch das interstellare Medium absorbiert, sehr kurze Wellenlängen, das heißt im Bereich der hochenergetischen Gammastrahlung, werden in Wechselwirkungen mit der kosmischen Hintergrundstrahlung vernichtet. Ähnliches gilt für kosmische Strahlungspartikel, die bei geringen Energien vom Sonnenwind davon abgehalten werden, in das Sonnensystem einzudringen, und bei hohen Energien ebenfalls in Wechselwirkungen mit der kosmischen Hintergrundstrahlung vernichtet werden. Es gibt also nur eine endliche Anzahl von Informationsträgern, die nur eine endliche Anzahl von Energiewerten besitzen kann. Aber vielleicht kann man wenigstens die Qualität der Beobachtungen immer weiter verbessern?

Auch das ist nicht der Fall. Der entscheidende Punkt ist hier, dass auch alle anderen Parameter, die eine Beobachtung definieren, jeweils nur einen endlichen Bereich möglicher Werte besitzen. Das liegt in Bezug auf die spektrale und zeitliche Auflösung beispielsweise an Beschränkungen durch die Heisenbergsche Unschärferelation. In Bezug auf die räumliche Auflösung liegt es daran, dass wir nicht beliebig große Teleskope bauen können. Dazu kommen weitere praktische Beschränkungen durch die Beschaffenheit und Komplexität dessen, was wir beobachten, die uns irgendwann einfach mit Beobachtungsgrenzen konfrontieren. Das führt insgesamt zu einem erstaunlichen Fazit: Die Gesamtzahl aller möglichen astronomischen Beobachtungen in einem gegebenen Zeitraum ist gemäß Harwit endlich, und die Situation insofern ähnlich wie die Erkundung unserer Erdoberfläche. Damit wäre es im Prinzip also denkbar, dass wir zu einem bestimmten Zeitpunkt in einer bestimmten Richtung alle überhaupt möglichen astronomischen Beobachtungen durchführen und dann fertig sind.

Natürlich kann man einwenden, dass wir dann trotzdem nicht wirklich fertig sind, denn all diese Beobachtungen müssten wir zu jedem Zeitpunkt der Weltgeschichte durchführen. Aber angenommen, das Universum ist homogen und isotrop, also überall und in alle Richtungen gleichförmig, dann werden wir dabei nichts wirklich Neues sehen. Es würde also tatsächlich ausreichen, wenn wir alle Informationsträger bei allen möglichen Energien und gegebenenfalls Polarisationsrichtungen sowie bei maximaler Empfindlichkeit und maximaler möglicher räumlicher, zeitlicher und spektraler Auflösung einmal aufzeichnen. Dann hätten wir alle Daten, die wir brauchen, und die Astrophysik könnte sich dem gleichen Schicksal fügen wie die Geografie. Harwit hat in den 1980er-Jahren auf dieser Grundlage ausgerechnet, dass zu diesem Zeitpunkt etwa fünf Prozent aller möglichen elektromagnetischen Beobachtungen bereits durchgeführt wurden, bezogen auf alle fünf Informationsträger etwa ein Prozent aller überhaupt möglichen astronomischen Beobachtungen. Heute, mehr als 30 Jahre später, mögen sich diese Werte vielleicht verdoppelt haben. Das heißt, wir haben immer noch einiges vor uns. Meine Mutter kann beruhigt sein: Ihrer Tochter zumindest wird die Arbeit nicht ausgehen.

KENNEN WIR BALD SÄMTLICHE KOSMISCHEN PHÄNOMENE?

Der zweite Teil von Harwits Fragen ist damit allerdings noch nicht beantwortet: Könnte es sein, dass wir alle *Phänomene* des Universums entdeckt haben, lange bevor wir alle möglichen *Beobachtungen* durchgeführt haben? Auf der Erde müssen wir ja auch nicht jedes einzelne Sandkorn kennen, um zu wissen, dass es eine bestimmte Anzahl von Klimazonen und Landschaftstypen gibt. Vielleicht haben wir zwar erst ein paar Prozent des uns zugänglichen Universums beobachtet, aber kennen trotzdem schon alle Phänomene. Nach dem Motto: Kennste eine Molekülwolke/Supernova/Spiralgalaxie, kennste alle.

Aber auch für diese Frage hat Harwit eine Antwort. Als Erstes ist natürlich zu klären, was man als ein eigenständiges Phänomen zählt. Ist beispielsweise ein Klasse-0-Protostern ein anderes Phänomen als ein geringfügig älterer Klasse-1-Protostern? Wie viele verschiedene Arten von Galaxien gibt es, wenn es auch Mischformen der klassischen Typen gibt? Harwit geht dieses Problem pragmatisch an. Seiner Definition zufolge sind zwei Phänomene zu unterscheiden, wenn sich mindestens eines ihrer Beobachtungsmerkmale um einen Faktor 1000 unterscheidet. Beispielsweise umfassen offene Sternhaufen zwischen 100 und 1000 Sterne, während Kugelsternhaufen sich aus 100 000 bis 1 000 000 Sternen zusammensetzen. Beide stellen somit laut Definition verschiedene Phänomene dar. In dieser Zählweise kommt Harwit auf eine Zahl von etwa 43 bekannten kosmischen Phänomenen. Manche davon wurden nicht nur einmal entdeckt, sondern auf verschiedenen, voneinander vollkommen unabhängigen Wegen, beispielsweise einerseits bei optischen Wellenlängen, andererseits im Radiobereich.

Diese Tatsache nutzt Harwit, um Informationen über die Gesamtanzahl kosmischer Phänomene zu gewinnen. Sein Argument kann man sich am Beispiel einer Fußballaufklebersammlung verdeutlichen. Wenn man mit der Sammlung anfängt, ist die Wahrscheinlichkeit hoch, dass man neue Aufkleber noch nicht in der Sammlung hat. Je länger man sammelt, desto wahrscheinlicher wird es aber, dass man Aufkleber doppelt bekommt. Dieses Phänomen tritt aber nur auf, weil es nicht unendlich viele verschiedene Aufkleber gibt, ansonsten wäre es sehr unwahrscheinlich, auf einen Aufkleber zu stoßen, den man bereits besitzt. Je kleiner die Anzahl verschiedener Motive ist, desto früher hat man mit dem Problem doppelter Motive zu kämpfen. Wenn es nur um die deutsche Nationalmannschaft geht, wird der erste doppelte Aufkleber im Schnitt sehr viel früher auftauchen, als wenn es um die Spieler aller Mannschaften der Champions League geht. Doppelte Aufkleber sind im Fall kosmischer Phänomene äquivalent zu Phänomenen, die auf verschiedene Weise entdeckt wurden. Beispiel: Jupiter wurde 1955 überraschend bei Radiowellenlängen beobachtet, während er den Menschen vorher seit Jahrtausenden optisch bekannt war.

In Analogie zu diesem Beispiel kann Harwit eine statistisch motivierte Formel entwickeln, die aus der Anzahl einfach entdeckter sowie der Anzahl mehrfach entdeckter Phänomene die Gesamtanzahl von Phänomenen im Universum ermittelt. Unter den 43 von ihm identifizierten Phänomenen gibt es sieben Wiederentdeckungen, also Phänomene, die anhand verschiedener Informationskanäle unabhängig mehrmals entdeckt wurden. Gemäß seiner statistischen Betrachtung folgert Harwit daraus die Existenz von 123 kosmischen Phänomenen, von denen also 1981 etwa ein Drittel bekannt war. Die Gesamtzahl könnte sich noch auf etwa 500 erhöhen, wenn man in Betracht zieht, dass es Phänomene geben könnte, die sich prinzipiell nur in einem einzigen Informationskanal zeigen (in der Analogie: Aufklebermotive, die nur einmal gedruckt wurden).

Nach dieser Berechnung wären 1981 also optimistisch gerechnet mehr als ein Drittel aller kosmischen Phänomene entdeckt gewesen. Wie lange wird es dauern, bis die restlichen gefunden sind? Hier kann man sich wiederum als Beispiel anschauen, wie die Erkundung der Erde in der Geografie abgelaufen ist. Wenn man die Anzahl der Entdeckungen pro Jahr betrachtet, findet man das Muster einer Glockenkurve: Zunächst steigt die Anzahl von Entdeckungen steil an, da das Feld großes Interesse hervorruft und neue Ideen und Instrumente entwickelt werden. Schließlich nimmt die Zahl noch nicht entdeckter Phänomene so stark ab, dass die Entdeckungshäufigkeit entsprechend sinkt und das allgemeine Interesse nachlässt. Wenn solch ein Verlauf auf die Astronomie übertragen werden kann, sollten laut Harwit im Jahr 2200 etwa 90 Prozent aller Phänomene gefunden worden sein. Allerdings liegen wir heute bereits hinter seiner Prognose zurück, wenn man die Zählung des NASA-Historikers Steven J. Dick als Maßstab nimmt, der 2013 auf 82 Phänomene kam, obwohl wir nach Harwits Hochrechnungen schon bei 90 bis 100 Phänomenen stehen sollten.

Wir werden auf die Zählung in Kürze zurückkommen, aber erst einmal lohnt es sich, einen genaueren Blick auf Harwits erste Idee zu werfen: die vollständige Sammlung kosmischer Daten.

EIN VIRTUELLES OBSERVATORIUM

Harwits Idee, dass wir die Entdeckung des Kosmos systematisch angehen können, indem wir einfach den Raum aller möglichen astronomischen Beobachtungen Stück für Stück abarbeiten, ist in der Community der Astrophysiker durchaus auf fruchtbaren Boden gefallen. Die traditionelle Art, astronomische Beobachtungen durchzuführen und zu nutzen, bei der individuell beantragte Daten im schlimmsten Fall schließlich auf privaten Festplatten verloren gehen oder, im besseren Fall, in Datenbanken der jeweiligen Teleskope enden, ist nicht wirklich effizient in Hinsicht auf dieses Ziel. Bevor ein Beobachter versucht, benötigte Daten mühsam bei den Kollegen oder den Observatorien aufzuspüren, ist es oft einfacher, Daten mit vielleicht etwas besserer Qualität neu zu beantragen, obwohl für den beabsichtigten Zweck vielleicht auch bereits existierende Beobachtungen hätten genutzt werden können. Um solche Situationen und entsprechende Dopplungen von Beobachtungen von vornherein zu vermeiden, gibt es seit den späten 1990er-Jahren die Idee, astronomische Beobachtungen zentral in einer öffentlichen Datenbank zu sammeln und zur Verfügung zu stellen.

Die Vision eines solchen »virtuellen Observatoriums« wäre, dass prinzipiell jeder, der über eine leistungsfähige Internetverbindung verfügt, Astronomie betreiben kann. Man würde einfach die Himmelskoordinaten eingeben, für die man sich interessiert, und bekäme dann eine Liste all der Beobachtungen, die in dieser Richtung bereits aufgenommen wurden. Diese könnte man dann einfach miteinander vergleichen und sich auf der Grundlage der umfassenden Datenlage ein Bild der stattfindenden Astrophysik machen. Angesichts der riesigen Menge heute erzeugter Daten scheint eine solche systematische Veröffentlichung von Beobachtungen fast der einzige Weg zu sein, um unter Einbeziehung der Öffentlichkeit eine erschöpfende wissenschaftliche Auswertung möglich zu machen und keine Daten zu verschwenden. Das »Virtual Astronomical Observatory«, das entsprechende Programm der US-amerikanischen Institutionen NASA und NSF, vergleicht das Vorhaben mit einer Meta-Suchmaschine, wie wir sie im Internet beispielsweise von Reiseveranstaltern kennen: Die Meta-Suchmaske greift auf alle bestehenden Archive zu und erspart dem Nutzer damit, all diese Archive einzeln aufzusuchen.

In der praktischen Umsetzung ist solch ein Mammutprojekt natürlich alles andere als einfach. Zum einen ist die Bereitstellung von Daten politisch ein höchst sensibles Thema, schließlich werden mit leistungsfähigen Observatorien immer auch nationale und institutionelle Interessen verfolgt. Zu erreichen, dass weltweit alle Astronomen an einem Strang ziehen, mag schon von vornherein nach einer ehrgeizigen Aufgabe klingen, egal, wie hehr die dahinter stehenden wissenschaftlichen Ziele sind. Die Probleme sind aber nicht nur politischer Natur. Auch rein technisch gibt es jede Menge Herausforderungen, die damit zusammenhängen, dass jedes Teleskop anders funktioniert. Damit haben die Daten, die ein bestimmtes Teleskop produziert, normalerweise eine andere Form als die Daten anderer Teleskope und werden schließlich auch in jedem Teleskop anders bearbeitet und gespeichert.

Man kann sich in das Problem vielleicht hineindenken, wenn man schon einmal bei einem großen Familienfest den Job übernommen hat, alle Fotos zu sammeln und in geordneter Form allen Familienmitgliedern zur Verfügung zu stellen. Da gibt es dann die Experten, die ihre Fotos, warum auch immer, noch in einem altertümlichen Windows-Format gespeichert haben, das der eigene Computer nicht lesen kann, dann diejenigen, die ihre Fotos in viel zu großer oder viel zu kleiner Auflösung hochgeladen haben, und diejenigen, deren Fotos so komische Namen haben, dass man allein aus der Dateibezeichnung überhaupt keine Ordnung der Motive ableiten kann. Spätestens wenn dann schließlich jemand fragt, ob man alle Fotos nicht in einer großen und einer kleinen Version bereitstellen könne, ist dieser Job potenziell gut dafür geeignet, den wohlmeinenden Freiwilligen in den Wahnsinn zu treiben.

Wenn man Entsprechendes für viele verschiedene Teleskope und unvorstellbar große Datenmengen realisieren will, die womöglich sehr verschiedene interne Strukturen besitzen, muss man sich daher schon im Vorfeld eine wirklich gute Strategie überlegen, um die Daten in einer einheitlichen Form verarbeiten zu können, ansonsten landet man im Chaos. Je universeller aber ein Datenformat ist, das heißt, je mehr die Form, wie in der Datenbank Daten gespeichert werden, auf individuelle Unterschiede der Daten eingeht, desto komplizierter wird auch das allgemeine Datenformat und desto unhandlicher wird es wiederum in der Nutzung. Im schlimmsten Fall ist es irgendwann für Nutzer dann doch wieder einfacher, die individuellen Teleskopdatenbanken aufzusuchen, statt auf eine komplizierte, übergeordnete Datenbank zurückzugreifen. All diese Punkte haben letztendlich aber mit einem tiefer liegenden Problem zu tun, das im Kern philosophischer Natur ist und 1988 von den Wissenschaftsphilosophen Jim Bogen und James Woodward diskutiert wurde.

NACKTEN DATEN EIN
KONTEXTKLEID ANZIEHEN

Bekanntlich leben wir im Datenzeitalter. Daten sind Rohstoff für unsere soziale, politische und ökonomische Welt und ihr informationstechnologisches Paradigma. Überall werden ständig Daten erzeugt, gespeichert, ausgewertet. Wir hinterlassen Datenspuren im Netz, sichern Daten in der Cloud und tragen massenweise Daten auf unseren Smartphones mit uns herum. Nicht zuletzt wissenschaftliche Projekte sind heute gigantische Datenfabriken. Das in Südafrika und Australien geplante Square Kilometre Array (SKA) wird beispielsweise jeden Tag eine Menge von noch nicht weiterbearbeiteten Rohdaten produzieren, die dem Inhalt von 15 Millionen 64-GB-iPods entspricht. Wissenschaft heute ist systematische, objektive Datenerzeugung und -interpretation. Die Wahrheit steckt in den Daten, und der Job des Wissenschaftlers ist es entsprechend, Daten zu sammeln, um diese Wahrheit zutage zu fördern. Ganz einfach gedacht macht man das dadurch, dass man Theorien aufstellt und die Vorhersagen der Theorien mit den Daten vergleicht, oder im Fall der Astrophysik: indem man sich für bestimmte kosmische Phänomene Erklärungshypothesen überlegt, daraus »Smoking-Gun-Beobachtungen« ableitet und diese dann anhand der aufgenommenen Daten prüft. Aber ist das wirklich so?

Die Wissenschaftsphilosophen Jim Bogen und James Woodward haben 1988 in einem seitdem viel zitierten Artikel allerdings behauptet, dass diese Vorstellung völlig falsch ist. Wissenschaftliche Theorien kann man ihrer Meinung nach deshalb nicht mit Daten vergleichen, weil wissenschaftliche Theorien über Daten überhaupt nichts aussagen. Um diesen Punkt zu verstehen, muss man sich genau anschauen, wie wissenschaftliche Daten erzeugt werden. Bogen und Woodward beschreiben als Beispiel das Experiment, mit dem man den Schmelzpunkt von Blei bestimmt. Durch dieses oder ein ähnliches Experiment muss sich jeder irgendwann quälen, der Physik studiert: Man erhitzt eine Bleiprobe, deren Temperatur man mit einem Thermometer bestimmt, und sobald das Blei zu schmelzen beginnt, liest man den Temperaturwert ab. Der »Quälfaktor« entsteht dadurch, dass es natürlich nicht ausreicht, dieses Prozedere ein einziges Mal durchzuführen, denn wahrscheinlich hat man das Thermometer einen Moment zu früh oder zu spät abgelesen. Außerdem hängt der abgelesene Wert oft minimal davon ab, ob man von oben oder unten auf die Thermometerskala schaut, vielleicht ist auch die Temperaturverteilung in der Bleiprobe nicht einheitlich. Oder es ist etwas ganz anderes schiefgelaufen, von dem man während der Messung noch nicht mal eine Ahnung hatte, dass es hätte schieflaufen können. Man kann also nicht davon ausgehen, dass eine einzelne Messung einem Auskunft über den wahren Schmelzpunkt von Blei geben kann, obwohl jede einzelne Messung wunderschöne Daten produziert. An den Schmelzpunkt von Blei kommt man nur, wenn man einen Weg findet, derartige Störfaktoren aus den Daten herauszurechnen.

Bei der Schmelzpunktmessung kann man beispielsweise die Annahme tätigen, dass man das Thermometer etwa genauso oft zu früh wie zu spät abliest und man diese Ablesefehler daher durch eine Mittelung der Ergebnisse vieler Messungen wieder loswird. Aber selbst dieser Mittelwert ist nur von eingeschränktem Wert, wenn man nicht weiß, bis zu welcher Genauigkeit man sich auf ihn verlassen kann. Dafür braucht man Statistik, mithilfe derer man Standardabweichungen und Fehlergrenzen bestimmen kann. Statistik allein reicht aber nicht aus: Was man außerdem braucht, ist ein gutes Verständnis des gesamten experimentellen Aufbaus, denn nur so versteht man, welche Fehlerquellen es überhaupt geben kann und welche Faktoren potenziell eine Rolle bei der Erzeugung der Daten gespielt haben. Schließlich gibt es auch Fehler, die sich nicht einfach durch die Berechnung eines Mittelwertes loswerden lassen, zum Beispiel wenn das Thermometer prinzipiell eine gewisse Zeit braucht, um auf die Temperatur der Probe zu reagieren.

In einer perfekten Welt, in der die »nackten« Rohdaten ausreichen würden, um etwas über ein bestimmtes Phänomen zu lernen, dürften die Daten nur von diesem einen Phänomen abhängen und durch nichts anderes beeinflusst werden. Da das leider nicht so ist, steckt in den reinen Daten erst einmal sehr viel mehr Information über das Experiment selbst als über das Phänomen, das die Forscher interessiert. Eine wissenschaftliche Theorie, wie die Theorie über den Schmelzpunkt von Blei oder die Relativitätstheorie, sagt aber zunächst überhaupt nichts über potenzielle Experimente aus, also zum Beispiel über die Genauigkeit eines Laborthermometers oder über das Ablesetalent eines Grundpraktikumsstudenten. Das ist nach Bogen und Woodward der Grund, warum eine wissenschaftliche Theorie nicht direkt mit wissenschaftlichen Daten verglichen werden kann. Das ist erst möglich, sobald man all die Einflüsse des speziellen Experiments aus den Daten extrahiert hat. Erst wenn man so weit gekommen ist, dass man seine seitenlang protokollierten Messergebnisse einer oft komplexen Daten- und Fehleranalyse unterzogen hat und bei einem kondensierten Messergebnis gelandet ist (»Der gemessene Schmelzpunkt ist 327,5 ± 0,1 °C«), kann man diesen Wert mit der Theorie vergleichen. Anders als die ursprünglichen Messdaten macht dieser Wert nun eine Aussage über ein Phänomen und kann auch dann verstanden werden, wenn man keine Ahnung hat, welches spezielle Experiment zu diesem Wert geführt hat.

Wie wenig trivial das alles ist, weiß tatsächlich jeder, der schon einmal im Labor gestanden und versucht hat, ein Experiment zu reproduzieren. Mein alter Philosophieprofessor pflegte scherzhaft zu sagen, dass alle physikalischen Gesetze täglich von Studenten in universitären Grundpraktikumslaboren widerlegt werden. Der naiv verstandene poppersche Leitsatz »Eine wissenschaftliche Theorie ist nur so lange gültig, wie sie nicht widerlegt wurde« greift insofern etwas kurz. Ich muss zugeben: Auch ich hatte das eine oder andere Mal meinen Anteil daran (die ungewöhnlichsten Ergebnisse ergab in der Reihe der Versuche meines physikalischen Fortgeschrittenenpraktikums dereinst unsere Lebensdauermessung angeregter Cäsiumatome – letztendlich schoben wir sie auf den Störeinfluss der unter dem Physikgebäude verkehrenden U-Bahn und die resultierenden Verschiebungen der von uns genutzten Laserfrequenz). Dass diese tägliche, experimentelle Widerlegung gängiger physikalischer Theorien durch Physikstudenten aber nicht bedeutet, dass unsere Theorien falsch sind, liegt an genau dieser Unterscheidung zwischen Daten und Phänomenen: Daten sind behaftet mit all den Fehlern und Einflüssen ihres Erzeugungskontextes und insofern, ohne weitere Bearbeitung, wissenschaftlich erst einmal uninteressant. Meine Daten können behaupten, dass Wasser unter Normaldruck bei 150 Grad Celsius zu sieden beginnt. Wenn das aber nur an meinem speziellen Thermometer und dessen Funktionsstörung liegt, sagen diese Daten nichts über das Phänomen »Siedepunkt von Wasser« aus, sondern nur über meine experimentelle Ausstattung. Was uns Wissenschaftler interessiert, sind die Phänomene: die empirischen Aussagen, die von den Zufälligkeiten eines individuellen Experiments »gereinigt« sind. Die Wahrheit, wenn man diesen philosophisch so kontrovers diskutierten Begriff verwenden möchte, liegt daher nur sehr indirekt in den Daten, wenn schon, dann liegt sie in den daraus abgeleiteten Phänomenen.

Wir waren auf diesen Punkt schon vorher gestoßen, als wir über die Unterdeterminiertheit wissenschaftlicher Theorien gesprochen hatten: Es gibt immer mehrere Theorien, die prinzipiell die gleichen empirischen Beobachtungen erklären können.

Ein bestimmtes experimentelles Ergebnis kann entweder Hinweis auf die getestete Theorie sein oder auf Störfaktoren und einfließende Annahmen über den experimentellen Aufbau, die mit der Theorie selbst nichts zu tun haben. Wie wir gesehen haben, gibt es Strategien, mit solchen Unsicherheiten umzugehen, indem man dem Einfluss von Störfaktoren explizit nachgeht. Aber der entscheidende Punkt für uns ist der, dass Daten ohne ein umfassendes Wissen darüber, wie sie entstanden sind, wertlos sind. Wenn ich eine Festplatte mit Daten bekomme und keine Ahnung habe, welche Genauigkeit die Daten haben, welche Störeinflüsse bereits korrigiert wurden und welche nicht und wie genau das Experiment ausgesehen hat, aus dem sie hervorgegangen sind, kann ich die Daten nicht verstehen und mit diesen Daten keine Wissenschaft betreiben.

Trotzdem hält sich allgemein hartnäckig die Vorstellung, die »nackten Daten« würden die Wirklichkeit am besten und am ungestörtesten wiedergeben, und das weit über den Bereich wissenschaftlicher Forschung hinaus. Mein persönliches Lieblingsbeispiel, das zeigt, dass Informationen über den Kontext der Datenerzeugung schon bei einfachsten Experimenten für das Verständnis dringend notwendig sind, stammt aus dem sogenannten wissenschaftlichen Datenjournalismus. Dessen Leitidee ist es, dass die Daten am besten für sich selbst sprechen. Journalistisch solle man daher den Daten gar nicht mehr so viel hinzufügen, denn dem Leser wird sich die Wahrheit schon auf direktem Wege erschließen, sofern die Daten nur grafisch genügend ansprechend präsentiert werden. Das mag in vielen, einfach zu deutenden Kontexten so sein, insbesondere wenn es um gesellschaftliche oder politische Sachverhalte geht. Bei wissenschaftlichen Themen, bei denen die Intuition über die behandelten Phänomene vielleicht weniger gut ausgeprägt ist, kann die Präsentation der reinen Daten aber manchmal zu Verwirrung statt zu Aufklärung führen.

DIE METEORITEN UND WIR

Im Jahr 2013 veröffentlichte der *Guardian* in seinem Data Blog auf einer (schwarzen) Weltkarte alle bekannten Einschlagorte von Meteoriten auf der Erde. Die resultierende Karte zeichnete mit den gelben Kraterpunkten relativ gut die Kontinente nach. Auffällig ist dabei eine extreme Häufung der Einschläge in dicht besiedelten Industrieländern, während insbesondere Kanada, Russland sowie Teile von Afrika und Südamerika von Meteoriteneinschlägen weitgehend verschont geblieben waren. Der kurze Teaser über der Karte warnt zwar, dass die Karte nur die Einschläge zeigt, von denen wir wissen (eigentlich überflüssig zu sagen), doch diese Information konnte Fehlinterpretationen der Daten trotzdem nicht vorbeugen, wie die unter der Karte stehenden Leserkommentare offenbarten. »Wahnsinn, Meteoriten mögen wirklich kein Wasser, am sichersten ist man anscheinend auf See«, folgerte beispielsweise ein Leser aus den Daten. Ein anderer wundert sich: »Es ist erstaunlich, dass keine Meteore ins Meer gefallen sind.« Wieder ein anderer hadert mit den Daten: »Ich finde diese Karte etwas verwirrend. Vermutlich ist es völlig zufällig, wohin Meteoriten fallen, aber die Karte zeigt, dass es nicht zufällig ist.«

Wenn man davon ausgeht, dass die Daten eins zu eins Informationen über das entsprechende Phänomen enthalten (hier die Meteoriten), kann man die Verwirrung absolut nachvollziehen. Wenn diese Daten Fakten über Meteore repräsentieren, dann ist die Abwesenheit von Einschlägen im Meer vollkommen rätselhaft. Aber wie wir gesehen haben, tragen Daten mindestens genauso viel Informationen über die Art und Weise ihrer Entstehung in sich wie über das interessierende Phänomen. Und in diesem Fall ist diese Information, dass es nur Daten an Orten gibt, an denen es einen Beobachter gegeben hat. Wissenschaftlich ausgedrückt: Die gelben Punkte auf der Karte spie-

geln weniger die Einschlaghäufigkeit von Meteoriten wider (was man aufgrund des Titels »Every meteorite fall on earth mapped« erwarten würde), sondern vielmehr die Bevölkerungsdichte. Die Aufgabe von Wissenschaftlern ist insofern eben nicht nur, Daten zu sammeln und diese mit Theorien zu vergleichen. Der Job ist vielmehr, Daten zu sammeln, diese von experimentspezifischen Einflüssen und Störfaktoren so gut wie möglich zu reinigen, ihre Genauigkeit und Verlässlichkeit zu quantifizieren und erst dann theoretisch zu deuten. Der Wissenschaftssoziologe und Physiker Allan Franklin, der selbst viel darüber geforscht hat, wie Wissenschaftler dabei vorgehen, hat dies einmal folgendermaßen ausgedrückt: »Wissenschaftliche Daten zu erzeugen ist einfach. Das Erzeugen guter wissenschaftlicher Daten ist das Schwierige.« An Daten kommt man oft vergleichsweise einfach, Datenbearbeitung ist das, was am meisten Arbeit macht.

ANNAHMEN ÜBER DEN KOSMOS

Wenn man als wissenschaftlicher Nutzer astronomische Daten von einem Teleskop zugeschickt bekommt, haben diese normalerweise schon die erste Runde der Datenbearbeitung hinter sich. Was mit den Daten zu diesem Zeitpunkt passiert ist, hängt natürlich sowohl vom Teleskop als auch von dessen spezifischer Datenpolitik ab. Zu den ersten Schritten der Datenbearbeitung gehört, Einflüsse des Wetters und der Erdatmosphäre zu berücksichtigen, fehlerhafte Daten zu eliminieren und die Daten zu kalibrieren, das heißt, die gemessenen Signale in »offiziellen« Maßeinheiten auszudrücken. Dafür muss man beispielsweise wissen, mit welcher Effektivität das Teleskop Signale aus verschiedenen Himmelsrichtungen empfängt und wie der Teleskop-Receiver die einfallende Strahlung in die gemessene physikalische Größe, zum Beispiel in Spannungspulse, übersetzt. Der wissenschaftliche Nutzer macht dann typischerweise einen weiteren Durchgang durch die Daten, um fehlerhafte Beobachtungen zu identifizieren und auszusortieren, die Daten wenn nötig zu kalibrieren, nach systematischen Fehlern zu suchen und diese gegebenenfalls zu korrigieren.

Eine Methode zur Kalibrierung astronomischer Daten ist beispielsweise, das Teleskop während der Beobachtungen regelmäßig auf eine Referenzposition zu schwenken, von der man keine eigene Emission erwartet. Damit kann man Beobachtungen der Quelle mit »dunklen« Beobachtungen vergleichen, die den reinen Einfluss der Beobachtungstechnologie abbilden. Ein typischer Fehler in den Daten, den es zu korrigieren gilt, tritt beispielsweise auf, wenn die Referenzposition nicht wirklich dunkel ist, sondern selbst Emission aufweist. Daraufhin scheint es so, als wäre der Einfluss des Teleskops auf die gemessene Quellenintensität größer, als er wirklich ist. Diesen Fehler erkennt man dadurch, dass das Quellsignal infolgedessen zu stark auf diesen Einfluss hin korrigiert und an manchen Stellen negativ wird. Das Signal könnte aber im Prinzip auch einfach deshalb negativ sein, weil Strahlung durch kosmisches Material absorbiert wird, das sich zwischen der Quelle und dem Beobachter befindet. Der Nutzer muss dann herauszufinden versuchen, ob die negative Emission einen solchen kosmischen Ursprung hat oder vielmehr auf eine schlechte Referenzposition zurückzuführen ist.

Generell erfordert die Datenbearbeitung, oder, wie Astronomen sagen, die »Datenreduktion«, auch als Nutzer von Service-Beobachtungen daher einige Erfahrung. Um in der Lage zu sein, mögliche Probleme in den Daten zu erkennen, muss man eine gute Vorstellung davon haben, was für Daten man überhaupt erwartet. Diese Vorstellung erwirbt man insbesondere dadurch, dass man selbst Daten reduziert, mit Daten herumspielt, sich verschiedene Darstellungen von Daten anschaut und indem man immer Kollegen in der Nähe hat, die sich mit dem entsprechenden Teleskop und dessen Daten auskennen und die man im Zweifel fragen kann. Jedes größere Teleskop entwickelt außerdem eine eigene Software zur Bearbeitung der Teleskopdaten, und der Umgang mit dieser Software wird den Wissenschaftlern in Workshops oder Sommerschulen beigebracht. Je besser man sich mit den Daten und den Details ihrer Entstehung auskennt, desto mehr Informationen über die kosmischen Objekte kann man aus ihnen herausholen. Beobachtende Astrophysiker verbringen entsprechend einen Großteil ihrer Arbeitszeit damit, Daten zu reduzieren. Die Arbeitsschritte, die dabei besonders viel Geduld erfordern, wie beispielsweise die Durchsicht großer Datenmengen nach fehlerhaften Daten, werden besonders gerne Studenten und Doktoranden übergeben, die daran ihre Datenintuition entwickeln und verbessern können.

Wenn man aber die Daten reduziert, das heißt bearbeitet und manipuliert, ist es natürlich zentral wichtig, gewissenhaft darüber Buch zu führen, was man aus welchem Grund mit den Daten macht, und am besten eine Kopie der Ursprungsdaten zu archivieren, falls man den gesamten Prozess noch einmal von vorne starten möchte. Es ist erstaunlich, wie fremd einem das eigene, vergangene Ich erscheinen kann: »Wirklich, mit diesem Faktor habe ich die Daten vor zwei Monaten multipliziert? Warum noch mal? Und warum habe ich die zugrunde liegende Formel nicht aufgeschrieben?« Gegen solche Momente hilft nur, sich bei der Datenreduktion wirklich jede Überlegung zu notieren, und mag sie einem im aktuellen Moment noch so naheliegend vorkommen. Und notfalls fängt man halt noch mal von vorne an, man hatte ja Gott sei Dank eine Sicherung gemacht.

Eine Sicherung der Ursprungsdaten ist allerdings nicht immer möglich. Bei Satellitenbeobachtungen werden die ersten Datenreduktionsschritte bereits an Bord vorgenommen und aus technischen Gründen nur die bereits vorreduzierten Daten zur Erde geschickt. In solchen Fällen haben die Nutzer auf die rohen Ursprungsdaten gar nicht erst Zugriff. Aber auch bei der Archivierung von Daten in Datenbanken stellt sich die Frage, an welcher Stelle man die Daten den Nutzern zur Verfügung stellt. Wenn ein Nutzer sich nicht mit den technischen Details eines Teleskops befassen möchte, ist er an Daten interessiert, die schon sehr weitreichend vorbearbeitet wurden. Dies ist auch dann empfehlenswert, wenn man das Risiko vermeiden möchte, dass die Daten falsch verwendet werden, weil dem Nutzer Informationen über das Teleskop und die spezielle Natur der Daten fehlen. Wenn ein Nutzer die Daten aber in einer vom Standard abweichenden Weise einsetzen will, oder auch, wenn er die Schritte der Datenbearbeitungspipeline selbst variieren oder überprüfen möchte, braucht er Daten, die relativ wenig bearbeitet wurden. Je weniger, desto größer ist normalerweise aber auch das Datenvolumen, was die Handhabung wiederum erschwert.

Auf all diese Aspekte des Umgangs mit astronomischen Daten ist Harwit in seinem Buch nicht wirklich eingegangen. Wenn man diese Praxis in seine Frage nach der Endlichkeit astronomischer Beobachtungen mit einbeziehen würde, dann müsste man feststellen, dass alles so viel komplizierter wird, dass der Traum einer vollständigen Beobachtung des uns zugänglichen Universums etwas zu kurz gegriffen wirkt. Seine Vorstellung, dass man alle Informationsträger mit allen Energien in jeder Richtung mit bestmöglicher Auflösung detektiert und dann fertig ist, lässt den Menschen außer Acht. Die Bearbeitung von Daten ruht immer auf Annahmen. Annahmen über die Technik, über die Daten selbst und über den Kosmos. Manchmal ändern sich Annahmen, und wir können Daten plötzlich anders lesen und mehr aus ihnen herausholen. Der Astronom ist kein passiver Empfänger der Signale des Kosmos. Wissen über den Kosmos aus den Daten zu destillieren erfordert Erfahrung, Wissen und vor allem auch Kreativität.

Gleichzeitig muss man sich darüber bewusst sein, dass es in der Astrophysik (und vielen anderen Bereichen der Physik) so etwas wie »Rohdaten« gar nicht wirklich gibt, sofern man das Konzept so versteht, dass es irgendetwas mit Unmittelbarkeit zu tun hat. Je früher man sich die Daten relativ zum Zeitpunkt ihrer ersten Erzeugung anschaut, desto stärker sind sie noch von den Eigenarten der Detektortechnologie abhängig. Je später man sie aber betrachtet, desto voraussetzungsreicher wurden sie bearbeitet. Immer braucht man daher zusätzliche Informationen, um die Daten wissenschaftlich nutzen zu können. Und genau dieser Punkt macht es so schwierig, in einer großen Datenbank wie dem Virtual Observatory ein allgemeines Datenformat zu finden, das diese Informationen übersichtlich bereitstellen kann.

DIE ANGST VOR DEN DATEN

Wenn nun aber die Wahrheit gar nicht in den Daten steckt, warum machen wir uns dann überhaupt so große Sorgen um Datensicherung und Datenspeicherung? Warum zahlen Firmen so unfassbar viel Geld für Datensätze von Nutzerdaten? Wie konnte es so weit kommen, dass wir in einer Zeit leben, in der so vieles von automatischen Algorithmen auf der Grundlage von »Big Data« entschieden wird? Wenn man Daten nur sinnvoll mit umfangreichen Zusatzinformationen zur Datenentstehung nutzen kann, sollte es dann nicht prinzipiell sehr einfach sein, sich der Datenüberwachung zu entziehen? Die Antwort auf diese Frage hat zwei Teile. Teil 1: Diejenigen Nutzerdaten, die von uns im Internet oder in digitalen Datenbanken gesammelt werden, haben natürlich eine sehr viel simplere Struktur als die meisten wissenschaftlichen Daten, die in komplexen Experimenten erzeugt werden. Die zum Verständnis notwendigen Informationen über den Ursprung der Daten sind daher sehr viel leichter zugänglich als beispielsweise im Fall eines modernen Teleskops.

Entscheidend dafür, dass wir gute Gründe für Skepsis gegenüber grenzenloser Datensammelwut haben, ist aber der zweite Teil der Antwort: Das Problem ist eben gerade, dass viele Menschen Daten mit Wahrheit verwechseln. Wir haben gesehen, dass immer dann, wenn man aus Daten Informationen über Phänomene in der Welt ableitet, indem man Daten »reduziert«, bestimmte Annahmen einfließen. Wenn ich versuche, meine Thermometer-Ablesefehler dadurch zu eliminieren, dass ich den Mittelwert betrachte, nehme ich an, dass ich etwa genauso oft zu hohe wie zu geringe Werte ablese. Wenn ich meine Teleskopdaten anhand meiner Referenzposition kalibriere, gehe ich davon aus, dass die Referenzposition völlig dunkel ist. Wenn ich aus der Meteoritenkarte etwas über die Einschlaghäufigkeit von Meteoriten lernen will, dann muss ich zuerst eine Annahme über die globale Verteilung potenzieller Beobachter machen.

In den meisten Fällen kann man sicherstellen, dass diese Annahmen korrekt sind, und bei wissenschaftlichen Studien verwendet man darauf viel Energie. Auch wenn Nutzerdaten ausgewertet werden, gehen in solche Analysen viele Annahmen ein, zum Beispiel darüber, wie aussagekräftig die Daten sind und was man aus bestimmten Datenmustern lernen kann. Im Großen und Ganzen werden auch hier die Annahmen zutreffen, eben weil sie so gewählt sind, dass sie auf Standardsituationen und Standardnutzer zugeschnitten sind. Sobald sie aber nicht mehr zutreffen, weil ein Nutzer oder eine untersuchte Begebenheit vom Standard abweicht, liegen die Algorithmen falsch. Statistisch gesehen ist das bei großen Datenmengen nicht schlimm, solang die Fehlerquote insgesamt gering bleibt. Für das einzelne Individuum, das sich als Normabweichung hinter einer solchen Fehlbehandlung verbirgt, kann es aber unangenehme Folgen haben, wenn es von Algorithmen falsch eingeordnet wird und seine Ungewöhnlichkeit dazu führt, dass falsche Schlüsse in Bezug auf seine Eigenschaften gezogen werden.

Ein harmloses, jedem bekanntes Alltagsbeispiel dafür, was für Probleme Algorithmen damit haben, das von der Norm Abweichende, Absonderliche einzuordnen, ist die automatische Rechtschreibkorrektur auf dem Smartphone. Solang man ganz normales Standarddeutsch schreibt, ist die Autokorrektur eine große Hilfe: Die ersten Buchstaben genügen, und schon kann man sich den Rest des Wortes sparen. Die vervollständigten Wörter entsprechen dem allgemeinen Sprachgebrauch, so wie er aus großen Mengen von eigenen und fremden Nutzerdaten extrahiert wurde. Sobald man sich aber an Wortwitzen versucht, oder auch schon wenn man wenig gebräuchliche Wörter in ungewohnten Kontexten verwendet, wird die Autokorrektur zur großen Plage. Je mehr man von der Durchschnittssprache abweicht, desto schlechter funktioniert der Algorithmus. Die impliziten Annahmen (wer ein Wort mit »Ges« anfängt, will entweder »Gestern« oder »Gesehen« schreiben) greifen dann nicht mehr.

Ein weiteres Problem ist die Intransparenz vieler Algorithmen. Während in der Wissenschaft die in die Datenanalyse eingehenden Annahmen meist so offen kommuniziert werden, dass sie kritisch geprüft werden können, ist eine solche Prüfung bei kommerziellen Algorithmen schwierig, da deren innere Struktur typischerweise unbekannt ist. Das verstärkt gleichzeitig den Eindruck, es handle sich bei ihren Ergebnissen um so etwas wie Wahrheit, denn von außen betrachtet werden sie ja lediglich mit Daten gefüttert und leiten daraus scheinbar objektiv die zugrunde liegenden Muster und Prinzipien ab. Der menschliche Einfluss, die eingegangenen Intentionen und Annahmen ihrer Schöpfer, werden unsichtbar. Daher zieht das »Ich habe ja nichts zu verbergen«-Argument auch nicht, da Daten eben nicht direkt die eigenen Tätigkeiten und Eigenschaften abbilden. Die Kontextabhängigkeit der Daten und das resultierende Problem ihrer Fehlinterpretation stehen dem entgegen. Wir werden darauf später noch einmal zu sprechen kommen, wenn wir uns genauer mit theoretischer Modellierung befassen.

ooo

Das Argument vom Ende der Astronomie kam sonst eigentlich immer von meiner Mutter. Ich hake also bei meinem Vater nach: »Du meinst, dass man dann quasi am Ende der Forschung angekommen ist, weil man einfach kein größeres Teleskop mehr bauen kann als so groß wie die Erde?«

»Schon, oder?«

»Na ja, in dem Fall könnte man immer noch zusammengeschaltete Weltraumteleskope nutzen, die eine noch größere

Entfernung voneinander haben als der Erddurchmesser. Und die Qualität der Daten würde ja auch dann besser, wenn man einfach mehr Teleskope zusammenschaltet als bisher.«

»Gibt also immer noch was zu tun für die Astrophysiker.«

»Ja, ich hoffe. Außerdem kann es ja auch sein, dass man einfach noch besser darin wird, die bestehenden Daten auszuwerten.«

»Ach, da hat man noch gar nicht die optimale Methode?«

»Daten auszuwerten ist eine komplizierte Geschichte. Ein Teleskop funktioniert ja nicht so wie ein Faxgerät, das fertig das ausspuckt, was man sehen wollte.«

»Ich habe davon ehrlich gesagt überhaupt keine Vorstellung, was ein Teleskop ausspuckt.«

»Also beim Beobachten des Schwarzen Lochs werden beispielsweise pro Nacht so viele Daten erzeugt wie im LHC-Teilchenbeschleuniger des CERN pro Jahr. Die werden dann erst einmal zusammengeführt und ausgewertet, das kann mehrere Monate dauern. Dafür muss man zum Beispiel die technischen Eigenarten der Einzelteleskope berücksichtigen, aber auch den Einfluss der Erdatmosphäre für alle Teleskope. Man muss alles aus den Daten herausfiltern, was nichts mit dem Schwarzen Loch zu tun hat, sondern nur mit der besonderen Art, wie die Daten hier auf der Erde erzeugt wurden.«

»Aber noch mal meine Frage: Was spucken die Teleskope hier genau aus?«

»Das, was die Teleskope ausspucken, hat hier erst einmal gar nichts mit einem Bild zu tun. Bei dieser Technik, der Interferometrie, zerlegt man das Bild sozusagen in Frequenzen, und misst dann einige davon. Das ist so unanschaulich, wie es klingt.«

»Okay, klingt tatsächlich ziemlich schwer verständlich. Dann ist es aber wirklich ein schwieriger Prozess, von diesen Rohdaten zu einem Bild zu gelangen?«

»Ja, Datenreduktion ist etwas, womit Astronomen sehr viel

Zeit verbringen. Es ist absolut nicht so, dass man nur hinschauen muss, und dann hat man es. Man muss den Daten das, was sie über das Universum aussagen, wirklich mühevoll abringen.«

»Und dabei kann man auch mal falschliegen.«

»Ja genau, deshalb dauert es ja so lange, weil man ständig prüfen und checken muss, dass man eben nicht falschliegt und nicht etwas aus den Daten liest, was dort gar nicht drinsteckt.«

7

DIE ORDNUNG DES UNIVERSUMS

Harwits Idee einer umfassenden Sammlung aller verfügbaren astronomischen Daten gestaltet sich im Detail also doch etwas schwieriger als ursprünglich gedacht, da astronomische Daten viel komplexer sind als von Harwit beschrieben. Tatsächlich kann man sagen, dass es *die* Daten gar nicht gibt, sondern Datenerzeugung und -verarbeitung in Wirklichkeit überaus komplexe Prozesse sind. Prozesse, die im Detail von den spezifischen experimentellen Eigenarten genau wie von den individuellen Zielen und Vorstellungen des wissenschaftlichen Datennutzers abhängen. Wie sieht es aber mit Harwits Idee einer Zählung aller kosmischen Phänomene aus, mithilfe derer wir abschätzen können, wie lange wir noch warten müssen, bis alles entdeckt ist?

In Bezug auf diese Frage muss man erst einmal feststellen: Es ist gar nicht so einfach, astrophysikalische Phänomene durchzuzählen. Zumindest erscheint es auf den ersten Blick schwieriger, zu beantworten, wie viele verschiedene Arten von Phänomenen es im bekannten Universum gibt, als wie viele verschiedene Materialien im Küchenschrank verbaut sind, wie viele Zutaten man für Weihnachtsplätzchen braucht oder wie viele Tierarten es im städtischen Zoo gibt. Wir wissen: Die Sonne ist ein Stern. Erde, Mars, Jupiter etc. sind Planeten. Aber sind die Ringe des Saturn bereits ein eigenständiges Phänomen oder gehören sie einfach zu Saturn? Ab wann ist ein Planet ein Zwergplanet und ab wann ein Brauner Zwerg? Protosterne sind vermutlich ein eigenständiges Phänomen, aber sind Klasse-0-, -1- und -2-Protosterne verschiedene Phänomene?

Wir Menschen haben ja bekanntlich die Tendenz, Dinge zu klassifizieren. Es gibt verschiedene Tier- und Pflanzenarten, verschiedene chemische Elemente und verschiedene Möbelarten. Bei den Möbeln ist es offensichtlich, dass wir Menschen es sind, die aus pragmatischen Gründen Typen definieren: Im Möbelkatalog ist es einfach sinnvoll, Sofas von Schränken zu unterscheiden, weil beide völlig unterschiedliche Zwecke erfüllen. Wer einen Schrank braucht, braucht nicht unbedingt auch ein Sofa. Bei Tierarten scheint es dagegen nicht sehr plausibel, dass die spezifische Arteneinteilung allein von uns Menschen abhängt. Zumindest würde man vermuten, dass es verschiedene Tierarten unabhängig von uns Menschen gibt und es dann nur noch unsere Aufgabe ist, diese Tierarten korrekt zu identifizieren. Potenziell gibt es aber fast unendlich viele Möglichkeiten, Tiere einzuteilen. Wir könnten sie nach der Farbe ihres Felles sortieren, nach ihren Fressgewohnheiten oder nach ihrer Haardichte pro Quadratzentimeter. Tatsächlich wurde historisch lange um das beste System gerungen. Prinzipiell kann man eine Definition in Bezug auf bestimmte gemeinsame, charakteristische Merkmale einer Art durchführen, man könnte aber genauso sagen, dass eine Art sich darüber definiert, dass sich die entsprechenden Tiere miteinander paaren. Alternativ kann man eine Art auch auf eine gemeinsame Entwicklungsgeschichte zurückführen oder sie einfach pragmatisch nach aktuellen Zweckgesichtspunkten klassifizieren, ohne dass man den Anspruch hat, damit etwas über das wahre Wesen der Tierwelt auszusagen. Nach wie vor gibt es keine abschließende Einigkeit über die beste Definition, auch wenn sich Fortpflanzungseigenschaften und erbliche Merkmale als besonders erfolgreiche Kriterien herausgestellt haben.

Etwas klarer scheinen die Dinge bei den chemischen Elementen zu liegen, wenngleich auch hier historisch zunächst verschiedene Klassifikationssysteme miteinander im Wettstreit standen. Von vornherein ist aber offensichtlich, dass eine Klassifikation sich allein auf charakteristische Eigenschaften der Elemente beziehen muss, und nicht darauf, wie Mitglieder einer Art miteinander interagieren oder wie sie sich entwickelt haben, so wie im Fall der Tierarten. Insofern scheint die Klassifikation unbelebter Dinge etwas einfacher zu sein. Heute steht das Periodensystem unumstritten als sinnvollstes Ordnungssystem fest. Niemand würde bezweifeln, dass die Elemente Sauerstoff und Kohlenstoff auf verschiedene Arten von Atomen mit unterschiedlichen atomaren Gewichten zurückzuführen sind, und diese je verschiedene atomare Struktur die physikalischen und chemischen Eigenschaften dieser Elemente festlegt. Auch Aliens würden wohl verschiedene chemische Elemente in der Welt finden, sofern sie nur ein wenig physikalisches Interesse mitbringen, dafür braucht es nicht die klassifizierenden Fähigkeiten der Menschen.

Die Frage, ob eine erfolgreiche Klassifikation aber wirklich eine »Ordnung der Natur« widerspiegelt oder ob sie vielmehr nur unsere ganz menschliche Eigenart repräsentiert, die Welt verstehend einzuteilen, ist philosophisch viel diskutiert. Zumindest in der Astronomie scheint einiges für die letzte Option zu sprechen. Wir kommen darauf gleich zurück.

SORTIERTE GALAXIEN

Das Klassifizieren von Phänomenen ist eine wissenschaftliche Grundoperation. Der schwedische Naturforscher Carl von Linné stellte schon 1735 fest, dass Klassifikation und Benennung von all dem, was wir um uns herum vorfinden, eine Grundlage unserer Wissenschaften darstellen. Wenn man genügend Daten besitzt, kann man damit bereits anfangen, noch bevor man überhaupt irgendeine Ahnung über die genauere Natur dessen hat, was man beobachtet hat. Indem man auf gut Glück versucht, eine Ordnung herzustellen. So wie manche Menschen ein Puzzle zusammensetzen: Zuerst ordnen sie die Teilchen nach ihrer Form, und erst im zweiten Schritt versuchen sie, auf der Grundlage des größeren Zusammenhangs, das heißt des aufgedruckten Bildes, ein Gesamtbild herzustellen. Die Hoffnung bei dieser Strategie ist, dass die Sortierung, die man gewählt hat, schließlich dabei hilft, die der Vielfalt der Phänomene zugrunde liegenden Prinzipien und Mechanismen zu verstehen.

Eine Sortierung von beliebigen (unbelebten) Dingen in Klassen ergibt sich daraus, dass man aus all den Eigenschaften, die diese Dinge besitzen, bestimmte Eigenschaften herausgreift – und zu solchen Eigenschaften erhebt, die die Klasse definieren und über die demnach alle Mitglieder verfügen. Die Klasse kann dann mithilfe eines Standardmitglieds definiert werden: Alle Phänomene, die dem Standard ähneln, gehören zu einer Klasse. Wenn man mit einem Pflanzenbestimmungsbuch durch die heimischen Wälder wandert, macht man genau das: die unbekannten Phänomene, die man auf dem Weg entdeckt, so lang mit den Bildern im Buch vergleichen, bis man eines findet, das ähnlich genug aussieht. Dann kann die gefundene Pflanze erfolgreich einer bestimmten Pflanzenart zugeordnet werden.

Auf diese Weise ist man historisch auch bei der Entwicklung der großen Klassifikationssysteme der Astronomie vorgegangen, wie der Historiker Steven J. Dick in seinem Buch *Discovery and Classification in Astronomy* von 2013 beschreibt. Die erste große Aufgabe war in der zweiten Hälfte des 19. Jahrhunderts eine Klassifikation der Sterne, die in Angriff genommen wurde, sobald erstmalig individuelle Eigenschaften der Sterne beobachtet werden konnten, die über deren bloßes Wesen als Lichtpunkte am Himmel hinausgingen. Joseph von Fraunhofer hatte 1814 dunkle Linien im Spektrum der Sonne entdeckt, die um 1860 von Gustav Kirchhoff und Robert Bunsen als Fingerabdrücke verschiedener chemischer Elemente identifiziert wurden. Jeder Stern hat abhängig von seiner Chemie und seinen physikalischen Eigenschaften wie Druck und Temperatur ein charakteristisches Spektrum, das für seine Klassifikation genutzt werden kann. Im späten 19. Jahrhundert begannen Wissenschaftler weltweit, Sternspektren zu sammeln und verschiedene Spektraltypen auf der Grundlage ihrer Spektrallinien und deren relativer Stärke zu definieren. Die physikalische Deutung dieser Spektraltypen blieb dabei aber lange Zeit im Dunkeln.

Erst die vier Jahrzehnte dauernde Klassifikationsarbeit in Harvard, die unter Leitung von E. C. Pickering von einer Reihe von Frauen, die sich für die stupide Arbeit der Durchsicht von Hunderttausenden Sternspektren nicht zu schade waren, durchgeführt und 1925 abgeschlossen wurde, brachte ein Klassifikationssystem hervor, das im Kern heute noch benutzt wird. Auf Williamina Fleming gehen die mit Großbuchstaben gekennzeichneten Spektralklassen zurück, ihre Kollegin Annie Jump Cannon änderte deren Reihenfolge so, dass sie, wie sie vermutete, eine Temperatur- und Evolutionssequenz ergaben, und erschuf so die berühmte Sequenz O, B, A, F, G, K, M (Merksatz: »Oh, Be A Fine Girl, Kiss Me«). Heute wissen wir, dass den verschiedenen Klassen in dieser Reihenfolge tatsächlich Sterne abnehmender Masse und damit auch abnehmender Temperatur entsprechen, die allerdings keine Entwicklungssequenz ergeben. Hätte bereits Fleming ein besseres Verständnis der Bedeutung ihrer Spektralklassen gehabt, hätte sie diese gleich in die richtige Ordnung bringen können, und man hätte sich den etwas fragwürdigen Merksatz gespart. Klassifikationen tragen insofern oftmals noch die Wirren ihrer Entstehungsgeschichte in sich.

Ähnliches gilt für die Klassifikation von Galaxien. Zum Jahreswechsel 1924/25 hatte Edwin Hubble erstmalig nachgewiesen, dass viele der bereits seit dem 18. Jahrhundert bekannten Nebel außerhalb unserer Galaxie zu verorten sind und eigene Galaxien darstellen. Auch hier standen die frühen Beobachter daraufhin vor dem Problem, eine Ordnung in die variantenreiche Gruppe der beobachteten Galaxien zu bringen. Als Grundlage einer Ordnung dienten hier aber keine Spektren, sondern die Form. Die bekannteste Klassifikation wurde von Hubble in den 1920ern selbst entwickelt und 1936 veröffentlicht. Er unterschied Spiralgalaxien, elliptische Galaxien und irreguläre Galaxien und ordnete diese in einem Stimmgabeldiagramm an: Der Griff der Stimmgabel besteht aus elliptischen Galaxien, der obere Stimmgabelast besteht aus Spiralgalaxien, der untere aus Balkenspiralgalaxien, das heißt Galaxien, in deren Zentrum eine längliche Struktur zu sehen ist, von der aus die Spiralarme abzweigen.

Hubble ging ähnlich wie seine Kollegen, die sich mit der Klassifikation von Sternen beschäftigten, davon aus, dass seine Klassifikation eine Entwicklungssequenz von links nach rechts im Diagramm widerspiegelte. Entsprechend nannte er elliptische Galaxien »frühe Galaxien« und Spiralgalaxien »späte Galaxien«. Das wirkt intuitiv auch sinnvoll: Etwas strukturell Komplexes (Spiralgalaxien) entsteht aus etwas Einfachem (elliptische Galaxien). Heute weiß man aber, dass die Bezeichnung genau andersherum lauten sollte: Nicht Spiralgalaxien entstehen aus elliptischen Galaxien, sondern elliptische Galaxien können entstehen, wenn Spiralgalaxien kollidieren und miteinander verschmelzen. Auch hier wird also deutlich, wie eng eine Klassifikation oft bereits mit einer (manchmal falschen) physikalischen Deutung verbunden ist.

Die Wahl einer Klassifikation hat daher einen großen Einfluss auf die weitere Entwicklung eines Gebietes. Werden die falschen Objekteigenschaften als Schlüsselparameter gewählt, kann die weitere Entwicklung eines Feldes nachhaltig in eine falsche Richtung gelenkt oder sogar gebremst werden. Ob eine Einteilung sinnvoll ist oder ob sie Objekte zusammengruppiert, die in Wirklichkeit gar nichts miteinander zu tun haben, stellt sich oft erst heraus, sobald das theoretische Verständnis der ablaufenden Prozesse gewachsen ist. Um zu verstehen, wie sich Galaxien mit der Zeit entwickeln und ob die verschiedenen beobachteten Galaxietypen tatsächlich verschiedene Entwicklungsstufen darstellen oder voneinander unabhängige Phänomene, sind beispielsweise umfangreiche Beobachtungen des Universums notwendig: bei verschiedenen Rotverschiebungen, zusammen mit komplexen Simulationen der Galaxieentwicklung. Wenn mehr Wissen über eine bestimmte Gruppe von Phänomenen vorhanden ist, führt das normalerweise zu einer Verfeinerung der genutzten Klassifikationen – manchmal aber auch zur Feststellung, dass man ein bestimmtes Objekt bisher falsch eingeordnet hat. Diesen Fall haben wir medienwirksam bei Ex-Planet Pluto miterleben dürfen.

PLUTO - DER GEFALLENE PLANET

Lange Zeit war Pluto der äußerste der neun Planeten und das P in diversen Merksätzen (»Mein Vater Erklärt Mir Jeden Sonntag Unsere Neun Planeten« – Merkur, Venus, Erde, Mars, Jupiter, Saturn, Uranus, Neptun, Pluto), bis er nicht einmal 100 Jahre nach seiner Entdeckung Hauptdarsteller in einem astronomischen Klassifikationskrimi wurde. Bei seiner Entdeckung selbst lief noch alles nach Plan. Nachdem man Ende des 19. Jahrhunderts bemerkt hatte, dass die beobachtete Bahnbewegung von Uranus von den theoretischen Vorhersagen abwich, interpretierten verschiedene Astronomen diese Abweichung als Hinweis auf die Existenz eines neunten Planeten, jenseits von Neptun. Der Astronom Percival Lowell initiierte ab 1905 zwei systematische Suchen nach dem neunten Planeten, die dritte wurde 13 Jahre nach seinem Tod im Jahr 1929 von dessen Neffen Roger Lowell Putnam und dem Direktor des Lowell Observatory Vesto M. Slipher angestoßen. Die Suche funktionierte so, dass jeweils zwei von derselben Himmelsregion zu verschiedenen Zeitpunkten aufgenommene Fotoplatten miteinander verglichen wurden. Wäre auf ihnen der gesuchte Planet zu sehen, hätte sich seine Position vor dem Fixsternhimmel zwischen beiden Zeitpunkten verändert. Der junge Astronom Clyde Tombaugh hatte die Aufgabe, die Suche durchzuführen. Am 18. Februar 1930 entdeckte er tatsächlich einen Punkt, der seine Position verändert hatte, nicht weit entfernt von der Position, die vom verstorbenen Lowell vorhergesagt worden war. Nach weiteren Beobachtungen und einem Namensvorschlag der elfjährigen Venetia Burney aus Oxford folgend wurde der neue Planet schließlich Pluto genannt. Venetias Großvater Falconer Madan, pensionierter Bibliothekar an der Universität Oxford, hatte gut 50 Jahre zuvor die Namen Phobos und Deimos für die Monde des Mars vorgeschlagen. Beim Frühstück las er seiner Enkelin aus der Zeitung von der Entdeckung des neunten Planeten vor und fragte sich, welchen Namen er wohl bekommen würde. Seine Enkelin, die sich durch das Studium diverser Kinderbücher gut in der griechischen und römischen Sagenwelt auskannte, brachte daraufhin den römischen Gott der Unterwelt als möglichen Namensgeber ins Spiel. Madan leitete den Vorschlag an die verantwortlichen Astronomen weiter und sicherte damit seiner Enkeltochter einen Platz in der Geschichte.

Allerdings wusste man über den neuen Planeten ziemlich lange ziemlich wenig. Seine Farbe war eher gelblich und damit mehr den terrestrischen Planeten ähnelnd als seinen Nachbarn, den bläulichen Gasriesen. Außerdem war er sehr viel weniger hell, als es für einen massereichen Planeten zu erwarten war. Jahrzehntelang ging man daher davon aus, dass Pluto dem Planeten Mars in Größe und Masse ähnelte. Mit so einer geringen Masse konnte Pluto allerdings nicht mehr für die Bahnabweichungen von Uranus verantwortlich sein. Tatsächlich stellte sich erst 1993 heraus, dass die Abweichungen stattdessen auf die Verwendung falscher Massen für die Gasriesen in den ursprünglichen Berechnungen zurückzuführen waren. Lowells Vorhersage des neunten Planeten war daher falsch und die Entdeckung Plutos ein glücklicher Zufall. Dass Pluto ein Planet war, daran bestand aber so lang kein Zweifel, wie er als weit entfernte Version von Mars verstanden wurde. Diese Deutung kam erst ins Wanken, als im Sommer 1978 Plutos Mond Charon entdeckt wurde. Mithilfe der Keplerschen Gesetze konnte aus Charons Bahnbewegung endlich die Masse Plutos berechnet werden. Das Ergebnis: Pluto war 400-mal kleiner als die Erde, sogar kleiner als unser Mond.

Eine neue Bewertung erfuhr diese Erkenntnis in den 1990er-Jahren, als jenseits von Neptun im sogenannten Kuipergürtel viele Objekte mit ähnlich kleinen Massen entdeckt wurden. Es erschien immer weniger klar, warum Pluto zu einer anderen

Klasse astronomischer Objekte gehören sollte als diese. 1998 nahm sich die International Astronomical Union (IAU) des Problems an, und die Auseinandersetzung um Plutos Identität wurde fortan politisch und auch hochemotional, wie Steven J. Dick in seinem Buch von 2013 ausführlich beschreibt. Die Einordnung von Pluto schien daran zu hängen, auf welche Eigenschaften man schaut: Seine runde Form und seine dünne Atmosphäre lassen ihn als Planeten erscheinen, seine geringe Größe und auch seine sehr exzentrische Bahn, die sich stark von denen der anderen Planeten unterscheidet, scheinen dafür zu sprechen, dass Pluto einer anderen Klasse von Objekten angehören muss. Pluto wäre dann alternativ ein Zwergplanet oder ein sogenanntes transneptunisches Objekt: ein Himmelskörper, dessen mittlere Umlaufbahn jenseits der Bahn von Neptun liegt. Auch eine Doppelklassifikation wäre prinzipiell möglich.

Im Jahr 2005 wurde dann allerdings Eris entdeckt, ein transneptunisches Objekt, das sich als größer und massereicher herausstellte als Pluto. Die Frage, wie man die Klasse der Planeten definieren wollte, wurde damit wirklich unausweichlich: Sollte man riskieren, dass das Sonnensystem mit immer mehr neuen Planeten gefüllt würde (mit einer Planetendefinition, die im Wesentlichen »Rundheit« als entscheidendes Kriterium nimmt)? Oder sollte man Pluto opfern, um die Zahl der Planeten konstant bei acht zu halten (mit einer Planetendefinition, die außerdem einen entscheidenden gravitativen Einfluss des Planeten auf seine Umgebung fordert)? Die Frage wurde am 24. August 2006 auf der Generalversammlung der IAU schließlich per Abstimmung entschieden. Die verabschiedete Definition entsprach im Wesentlichen der zweiten Option und reduzierte damit die Anzahl der Planeten unseres Sonnensystems auf acht. Pluto wurde zum Zwergplaneten, und Zwergplaneten wurden gemäß der Abstimmung als Nicht-Planeten angesehen. Nicht wenige Wissenschaftler waren mit der Definition unzufrieden, aber fast noch mehr Aufruhr verursachte die Neuklassifikation von Pluto in der Öffentlichkeit. Die allgemein um sich greifende Entrüstung über Plutos Herabstufung war selbst zehn Jahre später nicht abgeklungen, als die Horizons-Mission immer mehr Details von Plutos Oberfläche enthüllte, und äußerte sich in Bemerkungen wie: Pluto war doch schon immer Planet; wie konnten wir so einen hübschen Himmelskörper, der zudem, wie wir heute wissen, ein Herz auf seiner Oberfläche hat, nur seinen Planetenstatus entziehen?

Die Antwort ist klar: Hätten wir von Anfang an so viele Informationen über das Sonnensystem gehabt, wie wir sie heute haben, wäre Pluto von Anfang an kein Planet gewesen und wir hätten uns die Aufregung sparen können. Plutos Drama beruht darauf, dass wir über Planeten lange Zeit einfach viel zu wenig wussten, um eine wunderbar funktionierende Klassifikation ohne innere Widersprüche zu entwickeln. Tatsächlich fangen wir gerade erst an, die existierende Vielfalt von Planeten zu entdecken, seit wir Tausende von Planeten außerhalb unseres Sonnensystems finden konnten. Was die Geschichte Plutos aber zeigt, ist, wie viele Emotionen an Namen hängen können. Wir teilen die Welt ein, aber diese Einteilung ist keine neutrale Sortierung. An Klassifikationen hängen Assoziationen (Pluto ist »einer von uns«), politische Bedeutsamkeiten (Pluto war der erste in Amerika entdeckte Planet) und persönliche Erinnerungen (»Der Merksatz war so schön!«). Wissenschaft ist selten so neutral und objektiv klar, wie man auf den ersten Blick denken könnte.

KOSMISCHE KLASSEN

Bei Plutos Geschichte kommen wir wieder auf unseren Ausgangspunkt zurück: Das Problem der Klassifikation ergab sich aus fehlenden Informationen. Es war relativ lange sehr schwierig, die wahren Eigenschaften Plutos festzustellen, weil Pluto so schwer von der Erde aus zu beobachten ist. Wieder einmal finden wir hier einen Punkt historischer Unterdeterminiertheit. Ist es also schwieriger, astronomische Objekte zu klassifizieren als Objekte in unserer näheren Umgebung? Mit anderen Worten: Gibt es Besonderheiten für die Klassifikation kosmischer Objekte im Vergleich zu physikalischen oder biologischen Klassifikationen? Als Erstes muss man sagen, dass die Dinge in der Astrophysik komplizierter sind als in der Mikrophysik, denn hier gibt es keine offensichtlichen, fundamentalen Einheiten wie Elementarteilchen oder chemische Elemente. Während in der Mikrophysik klar ist, dass man auf verschiedenen Skalen jeweils voneinander klar unterschiedene Bestandteile auffindet, erreicht man solch eine Klarheit in der Astrophysik nicht. Das liegt auch daran, dass die entscheidenden Klassifikationen in der Astrophysik auf charakteristischen Parametern beruhen, die kontinuierlich sind. Während die Zahl der Protonen in Atomkernen nur ganzzahlige Werte annehmen kann und damit die chemischen Elemente klar voneinander abgrenzt, kann beispielsweise die Masse von Sternen jeden beliebigen Wert annehmen. Wenn man eine Klassifikation basierend auf der Masse von Sternen entwickelt, sind die Grenzen zwischen den Klassen notwendigerweise zu gewissem Grad beliebig; und es gibt immer Objekte, die genau zwischen zwei Klassen liegen.

In Bezug auf die Komplexität seiner Objekte ähnelt das astronomische Klassifikationsprojekt seinen Schwesterprojekten in der Biologie. Astrophysikalische Klassifikationen sind wie in der Biologie hierarchisch aufgebaut: Es gibt Obertypen und immer feinere Unterteilungen. Eine weitere Ähnlichkeit zur Biologie ergibt sich durch die Relevanz von evolutionären Prozessen für eine erfolgreiche Klassifikation, wobei es natürlich kein Äquivalent zu genetischen Merkmalen der Biologie gibt. Die meisten kosmischen Objekte durchlaufen aber einen Entwicklungsprozess und wechseln dabei sogar ihre Klasse. Die Sonne beispielsweise ist momentan noch ein G2V-Hauptreihen-Stern, der sich in einigen Milliarden Jahren in einen Roten Riesen verwandeln wird und schließlich als Weißer Zwerg endet. Ein solcher evolutionärer Klassenwechsel ist für physikalische Objekte eher ungewöhnlich.

Eine weitere Eigenart der Astrophysik ist, dass Klassifikationen von der Art der Beobachtungsdaten abhängen, auf deren Grundlage sie entwickelt wurden. Die Tatsache, dass die Astronomie lange Zeit nur auf Beobachtungen im optischen Bereich zurückgreifen konnte, hat die meisten Klassifikationen perfekt auf die optische Erscheinung der kosmischen Phänomene angepasst. Allerdings ist es keine Seltenheit, dass die Phänomene im Kosmos völlig anders aussehen, wenn man sie in anderen Wellenlängenbereichen betrachtet. Die Struktur von Galaxien ist zum Beispiel bei anderen Wellenlängen viel weniger deutlich, weil dann nicht die Sterne die Erscheinung der Galaxie bestimmen, sondern andere Komponenten wie freie Elektronen oder kalte Molekülwolken. In der Astrophysik gibt es daher die kuriose Besonderheit, dass es für manche Objekte verschiedene Klassifikationen gibt, je nachdem in welchem Wellenlängenbereich man sie beobachtet, so als würde ein Hund plötzlich wie eine Katze aussehen, nur weil man ihn mit einer Infrarotbrille betrachtet.

Die französische Astrophysikerin und Philosophin Stéphanie Ruphy hat 2010 mit Bezug auf diese Besonderheiten astrophysikalischer Klassifikationen dafür argumentiert, dass man in der Astrophysik nicht behaupten kann, es gebe eine von uns Menschen unabhängige Ordnung im Kosmos. Es gibt verschiedene, gleichermaßen gerechtfertigte Wege, kosmische Phänomene einzuteilen. Welchen Weg man letztendlich wählt, hängt vom Zweck der Klassifikation ab und davon, ob sie für den jeweiligen Zweck nützlich ist. Angesichts der Tatsache, dass die Grenzen zwischen verschiedenen Klassen astrophysikalischer Phänomene nicht klar definiert sind, und angesichts der Wellenlängenabhängigkeit der Klassifikationssysteme ist es ihrer Meinung nach schwer vorstellbar, dass es einen einzigen, »wahren« Weg gibt, kosmische Phänomene zu definieren und durchzuzählen.

Martin Harwit brauchte in seinem Buch lediglich eine möglichst einfache Art, kosmische Phänomene zu definieren, um auf eine Zahl für seine Berechnung dafür zu kommen, wann wir alle kosmischen Phänomene entdeckt haben werden. Er definierte ein neues Phänomen einfach dadurch, dass es sich von einem anderen in einer physikalischen Eigenschaft durch einen Faktor 1000 unterscheidet. Dabei hatte er grundlegende physikalische Eigenschaften im Kopf, wie die Masse, die Temperatur oder die Dichte. Sobald ein Objekt beispielsweise eine tausendfach höhere oder niedrigere Masse hat, muss es nach Harwit zu einer anderen Klasse von Phänomenen gehören. Dieses Vorgehen ist natürlich sehr vereinfacht (warum sollte der Kosmos solch einer Regel folgen?), erfüllte aber ihren Zweck: Am Ende hatte Harwit eine eindeutige Zahl für alle bekannten Phänomene. Der Historiker Steven J.Dick sieht Harwits Versuch als Pionierarbeit einer einheitlichen, allumfassenden Klassifikation für die Phänomene des Kosmos. Er selbst hat in seinem Buch von 2013 versucht, eine verfeinerte allgemeine Klassifikation für kosmische Phänomene zu entwickeln, die weniger ad hoc funktioniert, sondern sich auf physikalische Prinzipien stützt.

Dabei orientiert er sich an Klassifikationen der Biologie. Genau wie in der Biologie wählt er eine hierarchische Klassifikation, die sich immer weiter auffächert: Als oberste Kategorien benennt er das Reich der Planeten, das Reich der Sterne und das Reich der Galaxien. In jedem Reich gibt es sechs Familien, also Phänomengruppen. Innerhalb der Familien gibt es wiederum verschiedene Klassen. Im Prinzip kann man die Klassen noch weiter in Typen und Untertypen aufspalten, auch wenn Dick dies selbst nicht unternimmt. Was in der Biologie die Spezies sind, sind hier die astronomischen Objekte, deren Erscheinung im Kosmos primär durch die Gravitation bestimmt wird. Die Gravitation organisiert den Makrokosmos, während beispielsweise die starken und schwachen Kernkräfte die Atomkerne organisieren und die elektromagnetische Kraft die Atome und Moleküle selbst.

Dick definiert als Erstes die drei Kernfamilien (Planeten, Sterne, Galaxien), die so heißen wie die entsprechenden Reiche und damit deren Zentrum ausmachen, dann Familien der evolutionären Vorformen (Protoplaneten, Protosterne, Protogalaxien), das, was direkt um die Kernobjekte herum existiert (zirkumplanetar, zirkumstellar, zirkumgalaktisch), Objekte, die zu wenig Masse haben, um zur Kernfamilie zu gehören (subplanetar, substellar, subgalaktisch), das, was zwischen den Kernobjekten existiert (interplanetares, interstellares und intergalaktisches Medium), und die Ansammlungen mehrerer Mitglieder der Kernfamilie (Systeme von Planeten, Sternen und Galaxien). Auf 82 Phänomene kommt Dick auf diese Weise: Saturns Ring gehört darin zur Klasse der planetaren Ringe aus der zirkumplanetaren Familie im Reich der Planeten. Klasse-0- und Klasse-1-Protosterne sind verschiedene Typen in der Klasse der Protosterne der protostellaren Familie im Reich der Sterne. Diese Klassifikation erscheint erheblich systematischer als die Zählung Harwits. Ob sie aber die wahre Ordnung im Kosmos abbildet oder nur ein weiterer menschlicher Versuch ist, die Vielfalt des Universums in ein klassifikatorisches Korsett zu pressen, bleibt eine offene Frage. Wenn wir den Kosmos in den kommenden Jahren noch weiter erschließen, wird sich zeigen, ob sich Dicks noch immer relativ einfaches Schema aufrechterhalten lässt.

Dass sich das System auch unter Wissenschaftlern durchsetzen wird, ist allerdings fraglich, da die Etablierung von Klassifikationssystemen nicht zuletzt ein sozialer Prozess ist. Dick als Historiker hat vermutlich eher schlechte Karten, der Astrophysik »von außen« eine Klassifikation aufzudrücken. Immerhin erfüllt sein System durch seinen logischen Aufbau der jeweils sechs Familien das Kriterium der Einfachheit, das in diesem Kontext eine wichtige Rolle spielt. Ob es für wissenschaftliche Zwecke nützlich ist, müsste sich erst noch zeigen. Was wir zumindest gesehen haben, ist, dass Klassifikationen oft mehr über die Klassifizierenden und deren Vorwissen und Verständnis aussagen als über das Klassifizierte: über den hinter jeder Klassifikation stehenden Wunsch, etwas über die für das Phänomen grundlegenden Eigenschaften, Prinzipien und Gesetze herauszufinden und auszusagen. Klassifikationen, die früh während der Entstehung eines Gebietes entwickelt werden, können die Entwicklung eines Feldes entscheidend beeinflussen, indem sie

Hypothesen implizieren und unseren Blick auf die Welt prägen. Wir Menschen verstehen unsere Umwelt, indem wir sie aktiv nach unseren Vorstellungen ordnen – in der Wissenschaft wird diese Tatsache ganz besonders deutlich.

DATEN UND MODELLE

Daten sind Fundament der astronomischen Methode. Wer die Natur kosmischer Phänomene verstehen will, braucht Daten. Die Vielfalt von qualitativ hochwertigen Daten, die uns heute zur Verfügung stehen, ermöglicht es uns, mit hoher Genauigkeit die physikalischen Abläufe zu ergründen, die hinter dem stehen, was wir im Kosmos sehen. Der Erzeugungsprozess von Daten in der Astrophysik ist allerdings sehr viel komplexer, als man erwarten würde, wenn man sich Astronomen als Menschen vorstellt, die nachts mit bloßem Auge durch ein Teleskop schauen. Daten werden heute kaum noch von den Wissenschaftlern aufgenommen, die diese Daten später wissenschaftlich auch verwenden. Für Beobachtungen mit großen, international betriebenen Observatorien müssen Anträge geschrieben werden, und die meisten Astrophysiker verbringen nur einen verschwindend kleinen Teil ihrer Arbeitszeit an wirklichen Teleskopen. Astronomische Daten durchlaufen zwischen ihrer erstmaligen Erzeugung im Teleskop und der abschließenden Interpretation durch einen Wissenschaftler einen langen Weg. Auf diesem Weg werden die Daten von Einflüssen gereinigt, die nichts mit dem zu erforschenden Phänomen zu tun haben, und schließlich mit theoretischen Erwartungen abgeglichen. Diese beiden Aufgaben erfordern aber den Einsatz eines Werkzeuges, das neben den Daten selbst die zweite Säule astrophysikalischer Forschung ausmacht: wissenschaftliche Modellbildung.

Schon bei der Erzeugung von Daten spielen Modelle eine

große Rolle. Das Verhalten des Teleskops selbst muss modelliert werden: Beispielsweise muss berechnet werden, wie sich die Teleskopschüssel im irdischen Gravitationsfeld verformt, wenn das Teleskop auf eine neue Position geschwenkt wird, um die resultierenden Verformungen ausgleichen zu können. Die Erdatmosphäre muss modelliert werden, um den Einfluss all dessen zu verstehen, was beim Beobachten mit erdgebundenen Teleskopen unseren Blick ins All beeinflusst. Die Verhaltensweise der technischen Empfangsgeräte wird in Testläufen simuliert. Sogar Beobachtungsdaten selbst werden oft simuliert, um daran die Schritte der Datenbearbeitung testen zu können. Simulierte Beobachtungsdaten haben den Vorteil, dass man weiß, welche Helligkeitsverteilung ihnen zugrunde liegt. Daraufhin kann man die resultierenden Daten mit der modellierten Quellverteilung vergleichen und beurteilen, wie nah die echten Beobachtungen den beobachteten Phänomenen kommen werden.

Ihren klassischen Haupteinsatzbereich haben wissenschaftliche Modelle aber natürlich in der Interpretation der Daten. Wenn man per Sherlock-Holmes-Methode zu verstehen versucht, welches kosmische Szenario zu dem geführt hat, was wir beobachten, ist man auf physikalische Modelle und Simulationen angewiesen, die das hypothetische Szenario mit beobachtbaren »Smoking-Gun-Beobachtungen« in Beziehung setzen. Man muss berechnen, was man sehen würde, wenn XY passiert wäre. Wissenschaftliche Modelle werden und wurden aber natürlich auch schon entwickelt und genutzt, als die verfügbaren astronomischen Daten eher spärlich waren; insofern führen Modelle in gewissem Maße auch ein Eigenleben unabhängig von den Daten. Es gibt sogar Modelle, die vollkommen unabhängig von aller Empirie genutzt werden können, um im Stil von Gedankenexperimenten bestimmte Ideen auszuprobieren, auch wenn man sicher ist, dass diese Ideen in der Welt so nicht anzutreffen sind. Wer Wissenschaft verstehen will, muss wissenschaftliche Modellbildung verstehen. Das werden wir im nächsten Kapitel in Angriff nehmen.

Bevor wir das tun, stellt sich aber natürlich die Frage: Ist die Astronomie in Bezug auf ihre Daten besonders? Die Antwort lautet, wie so oft im Leben: »Ja und nein.« Bei der Erzeugung und Bearbeitung von Daten ähnelt der Job der Astronomen ziemlich genau dem, was Experimentalphysiker tun. So genau, dass man darüber manchmal fast vergisst, dass man gerade dabei ist, das Universum zu erforschen und nicht die Eigenschaften von irgendwelchen Nanomaterialien. Selbst wenn man am Teleskop »beobachtet«, sieht man kaum einmal den Nachthimmel, sondern fummelt stattdessen an Kabeln und Bildschirmen herum. Auch Hacking, der große Astrophysikskeptiker, hat in seinem Hauptwerk zugegeben, dass die Astronomie der Experimentalphysik ziemlich ähnlich sein kann, und sich dabei anlässlich der bereits erwähnten Entdeckung der kosmischen Hintergrundstrahlung erstaunlich vorsichtig zur vermeintlichen Andersartigkeit der Astrophysik geäußert: »Manchmal wird behauptet, dass wir in der Astronomie keine Experimente anstellen, sondern nur Beobachtungen durchführen können. Richtig ist, dass wir in den abgelegenen Bereichen des Weltraums kaum Wirkungen auslösen können. Doch die Fertigkeiten, die Penzias und Wilson zur Anwendung brachten, waren genau dieselben, die auch von Experimentatoren im Laboratorium eingesetzt werden.«

Was an der Astrophysik aber besonders ist, ist die Tatsache, dass wir mit Harwit auf die Idee kommen können, alle möglichen Beobachtungen quasi aufzählen zu können. Das liegt wieder an unserem alten Problem, dass wir aus dem Sonnensystem nicht wegkommen und es nur eine endliche Anzahl möglicher Informationsträger gibt, die uns aus dem Universum erreichen. Unsere Erkenntnisgrenzen werden uns hier sehr viel deutlicher vor Augen geführt als in anderen wissenschaftlichen

Disziplinen: Wenn wir das Universum empirisch erforschen wollen, brauchen wir Daten. Und für die Daten, die wir prinzipiell bekommen können, gibt es fundamentale Beschränkungen.

Daneben ist die Astrophysik ein spannendes Gebiet, um etwas darüber zu lernen, wie wir Menschen vorgehen, wenn wir die Welt um uns herum verstehen wollen – und auch, welche Rolle dabei manchmal unsere Vorstellungen und Assoziationen spielen. Das wird insbesondere dann deutlich, wenn die Phänomene komplex sind und die Daten, die wir haben, zunächst noch so wenig aussagekräftig, dass wir zu Spekulationen gezwungen werden – und dann, wenn es zu emotionalen Wirrungen kommt wie bei der nachträglich zu korrigierenden Klassifikation von Pluto. Es ist wohl kein Zufall, dass dieses Beispiel aus der Astrophysik stammt.

Zwischenstand also: So ganz verkehrt war die Intuition nicht, dass die Astrophysik anders funktioniert als andere physikalische Disziplinen. In Bezug auf die Daten kann man vielleicht sagen: Sie ist zwar nicht etwas *ganz* Besonderes, aber doch ein bisschen besonders. Nach der Kränkung in der Uckermark reicht mir das schon. Weiter zu den Modellen also.

ooo

Eigentlich interessiert sich mein Vater aber ja viel mehr für Schwarze Löcher als für langweilige Daten: »Um noch mal auf die Schwarzen Löcher zurückzukommen. Ich habe übrigens auch noch eine ganz andere Frage.«

»Und zwar?«

»Wie viele Schwarze Löcher gibt es eigentlich in der Milchstraße? Tatsächlich nur eins?«

»Kommt drauf an, von was für Schwarzen Löchern du redest. Es gibt Schwarze Löcher ja in verschiedenen Größen. Von den supermassereichen gibt es tatsächlich nur das eine im Zentrum der Galaxie.«

»Was gibt es denn noch für Schwarze Löcher?«

»Ich hatte das vorhin schon mal erwähnt, es gibt auch die, die entstehen, wenn massereiche Sterne am Ende ihres Lebens kollabieren.«

»Warum kollabieren die?«

»Vereinfacht gesagt, weil irgendwann der Brennstoff ausgebrannt ist und dann nicht mehr genügend Energie vorhanden ist, um die äußeren Schichten des Sterns im Gleichgewicht zu halten.«

»Diese Schwarzen Löcher sind dann kleiner, nehme ich an?«

»Ja, die haben dann Massen von mehr als etwa acht Mal der Masse unserer Sonne. Das supermassereiche Schwarze Loch im Zentrum unserer Galaxie ist dagegen vier Millionen Mal so schwer.«

»Und von diesen kleinen Schwarzen Löchern gibt es dann wahrscheinlich ziemlich viele?«

»Ja, man schätzt die Zahl in der Milchstraße auf bis zu eine Milliarde. Allerdings kennen wir erst einige Dutzend, weil sie so schwer zu finden sind.«

»Aber der Unterschied in der Masse zwischen den Schwarzen Löchern, die aus Sternen entstehen, und dem im galaktischen Zentrum ist ja enorm. Haben die denn irgendetwas miteinander zu tun?«

»Man nimmt an, dass es tatsächlich auch »mittlere« Schwarze Löcher geben muss, also von etwa 1000 Sonnenmassen. Man hat auch mittlerweile ein paar aussichtsreiche Kandidaten gefunden, aber Schwarze Löcher sind halt schwer zu finden. Was diese verschiedenen Klassen von Schwarzen Löchern miteinander zu tun haben, ist eine gute Frage. Die stellaren versteht man ja ziemlich gut. Die Entstehung von den schwereren schon weniger. Es würde ja durchaus Sinn ergeben, dass sie sich auseinanderentwickeln können. Wenn ein leichtes Schwarzes Loch viel Masse schluckt, wird es zu einem mittelschweren und so weiter. Aber genau weiß man das noch nicht.«

»Aber wie kann man das rausfinden? Vielleicht entstehen die ja auch alle auf ganz unterschiedliche Weise und haben überhaupt nichts miteinander zu tun.«

»Indem man Beobachtungen sammelt. Und dann natürlich, indem man die Entwicklung von Schwarzen Löchern modelliert.«

»Modelliert?«

»Indem man Simulationen laufen lässt, in denen die notwendige Physik enthalten ist, und mithilfe derer man sehen kann, was zum Beispiel passiert, wenn ein stellares Schwarzes Loch immer mehr Masse schluckt.«

8

DIE WELT ALS MODELL UND WIRKLICHKEIT

Mein Bruder ist Chef einer Fashion-Firma. Es ist wenig überraschend, dass seine Arbeitswelt so ziemlich das Gegenteil von meiner ist. Trotzdem findet man manchmal erstaunliche Parallelen. Als ich einmal in der Firma meines Bruders zu Besuch war, fragte ich einen sehr schönen, brasilianischen Mitarbeiter, was er gemacht habe, bevor er bei meinem Bruder angefangen hat. Seine Antwort: »I did modeling in Paris.« Meine Erwiderung: »Me too!! During my PhD.« Daraufhin schaute er mich etwas irritiert an und verstand den Witz erst, als ich ihm erklärte, dass ich während meiner Doktorarbeit oft in Paris war, um mit den dortigen Experten ein astrophysikalisches Modell für interstellare Stoßwellen weiterzuentwickeln. Diese Eigenart der englischen Sprache, dass »Modelle entwickeln« und »als Model arbeiten« mit dem gleichen Wort bezeichnet werden, erfreut mich immer wieder. Vielleicht könnte man das irgendwie nutzen, um mehr Mädchen für naturwissenschaftliche Fächer zu begeistern? In jedem Fall sagt es etwas über den Begriff »Modell« aus: Wir bezeichnen ziemlich viel und viel Verschiedenes mit diesem Begriff. Manche Menschen sind selbst Modelle, andere sammeln Modellautos und Modelleisenbahnen, wir benutzen Salz- und Pfefferstreuer als Modell für die entscheidenden Spielzüge des letzten Fußballspiels, unser Staat funktioniert nach dem Modell einer sozialen Marktwirtschaft, Physikstudenten benutzen die Schwingungsgleichung als Modell für eine

schwingende Gitarrensaite, Klimamodelle sagen die Zukunft unseres Planeten voraus, am Large Hadron Collider wurde das Higgs-Teilchen als letztes noch fehlendes Elementarteilchen des Standardmodells der Teilchenphysik entdeckt. Modelle können Gegenstände sein, abstrakte Vorstellungen, Gleichungen oder Computerprogramme.

Der Philosoph Nelson Goodman beklagte sich in seinem Buch *Languages of Art* schon 1968 darüber, dass es wohl wenige Begriffe im öffentlichen und wissenschaftlichen Diskurs gebe, die undifferenzierter gebraucht werden als das Wort »Modell«. Ein Modell könne so ziemlich alles sein, vom Prototyp über eine mathematische Beschreibung bis hin zu einer Blondine. Undifferenziert hin oder her, was haben all diese verschiedenen Dinge gemeinsam, dass wir sie alle als Modell bezeichnen?

MODELLE IM ALLGEMEINEN

Wenn man eine Definition finden will, die viele verschiedene Dinge abdecken kann, dann ist diese Definition notwendigerweise ziemlich allgemein. Die allgemeinste Definition eines Modells ist, dass es etwas ist, das für etwas anderes steht und es repräsentiert. Dieses »etwas« kann ein Phänomen oder ein Sachverhalt sein. Es kann etwas sein, das wirklich in der Welt existiert oder auch nicht. Das Modell kann für dieses »etwas« als Platzhalter genutzt werden. Das kann auf viele verschiedene Arten geschehen, aber typischerweise hat ein Modell bestimmte Eigenschaften mit dem repräsentierten Phänomen gemeinsam und weicht in Bezug auf andere von ihm ab. Meine Modelleisenbahn ähnelt einer echten Bahn in Bezug auf ihre Form und Farbe, aber nicht hinsichtlich ihrer Größe oder ihres Innenlebens. Oft sind Modelle strukturell einfacher als das Ursprungsphänomen, indem Aspekte weggelassen werden, so wie bei der Modelleisenbahn die gesamte Inneneinrichtung. Viele Modelle idealisieren auch, die Modellbahn besitzt beispielsweise nicht jeden Griff oder jeden Knopf der realen Bahn: Details unterhalb einer gewissen Größenskala werden einfach weggelassen. Außerdem sind bei Modellen auch immer Annahmen im Spiel, die viel mit der konkreten Benutzung und Interpretation des Modells zu tun haben. Wenn ich meine Modellbahn nutze, um im Windkanal die Strömungseigenschaften des echten Zuges zu studieren, dann nehme ich an, dass das fehlende Innenleben und die geschrumpfte Größe des Modells die Strömungseigenschaften im Vergleich zum Originalphänomen qualitativ nicht verändern. Die Annahme, dass das fehlende Innenleben keine Rolle spielt, wird falsch, wenn ich das Modell für andere Zwecke verwenden möchte, beispielsweise um einen Eindruck vom zu erwartenden Reisekomfort zu bekommen. Um ein Modell zu verstehen, braucht man also immer zwei Dinge: Als Erstes das

Modell selbst, was ein Gegenstand, eine Gleichung oder auch ein Computerprogramm sein kann. Als Zweites dessen Interpretation. Die Interpretation des Modells bestimmt, welche Teile des Modells für welche Teile des Phänomens in der Welt stehen sollen und welche Aspekte des Ursprungssystems im Modell überhaupt wiedergegeben werden sollen. Außerdem umfasst die Interpretation auch die Erwartung, wie ähnlich das Modell dem Ursprungssystem überhaupt sein muss, damit es als adäquate Repräsentation zählen kann.

Wenn ich zum Beispiel meinem Neffen das letzte Werder-Bremen-Spiel mit Bonbons nachzustellen versuche, dann sind die Bonbons Modell für die Fußballspieler. Die Interpretation der Bonbons ist ziemlich klar: Ich will damit nicht sagen, dass die Spieler von Werder kugelförmig sind und kleiner werden, wenn man an ihnen lutscht, denn ich will weder ihre Form noch ihre materiellen Eigenschaften wiedergeben. Die einzige Eigenschaft der Spieler, die mich hier interessiert und die sie mit den Bonbons gemeinsam haben, ist ihre relative raumzeitliche Lokalisation. In diesem Sinne sind die Bonbons ein gutes und adäquates Modell. Das Modell stößt aber an seine Grenzen, wenn ich meinem Neffen ein böses Foul an Claudio Pizarro illustrieren möchte, weil Bonbons keine Struktur besitzen, die annähernd an Beine erinnert. Beine sind im Bonbonmodell nicht enthalten. Dann sind Bonbons ein schlechtes Modell für Fußballspieler. So viel zu allgemeinen Modellen. In der Astrophysik spielt man aber nur selten mit Bonbons. Selbst drehbare Modelle unseres Sonnensystems sind in astronomischen Instituten außer für pädagogische Zwecke eher unüblich. Die Regel sind mathematische Modelle. Die Frage, was diese genau sind und warum wir mit ihnen etwas über die Welt lernen können, wird in der Philosophie schon lange diskutiert.

MODELLE UND THEORIEN

Mathematische Modelle haben einen anderen Charakter als Eisenbahnmodelle oder mechanische Modelle unseres Sonnensystems. Ein mathematisches Modell kann man sich nirgends hinstellen, aber dafür hat es eine allgemeine Gültigkeit, die ein Skalenmodell nie erreichen kann. Wir benutzen heute teilweise noch mathematische Modelle, die schon Hunderte von Jahren in Gebrauch sind, beispielsweise wenn wir die Bewegungen der Planeten mit den Keplerschen Gesetzen beschreiben oder das Schwingen einer Feder mit den Newtonschen Gesetzen. Hier wird bereits eine wichtige Tatsache deutlich: Mathematische Modelle haben viel mit mathematischen Theorien zu tun. So viel, dass die Unterscheidung manchmal gar nicht so leichtfällt. Warum etwa das Standardmodell der Teilchenphysik ein Modell sein soll und die Relativitätstheorie eine Theorie, ist zunächst nicht offensichtlich. Hier werden die Begriffsgrenzen unscharf, und die Physiker unterscheiden selbst nicht mehr ganz sauber.

Es gibt allerdings auch Modelle, die sehr weit von mathematischen Theorien entfernt sind. Zum Beispiel startet man statt mit einer Theorie manchmal mit den Messdaten und versucht, diese »auf gut Glück« mit einer mathematischen Funktion zu beschreiben. Wenn man beispielsweise eine an einer Feder schwingende Kugel beschreibt und ihre jeweilige Höhe als Funktion der Zeit ausmisst, dann werden die resultierenden Daten um eine gedämpfte Sinusfunktion herum streuen. Die Sinusfunktion wäre dann ein phänomenologisches Modell der Schwingung. In diesem Beispiel ist man in der komfortablen Situation, dass man auch eine funktionierende Theorie zur Beschreibung der schwingenden Kugel besitzt, die man gleich mit der den Daten folgenden Sinusfunktion vergleichen kann. Es gibt aber nicht selten wissenschaftliche Problemstellungen, für die man keine ausgearbeitete Theorie kennt, zum Beispiel, weil das betrachtete Phänomen viel komplexer ist als alles, was die Theorie beschreibt. In dem Fall hat man gar keine andere Wahl, als von den Daten auszugehen und in diese eine mathematische Beschreibung quasi hineinzulesen.

Modelle stehen also irgendwo zwischen Theorien und Daten, aber was genau ein Modell ist, ist durch diese Verortung nicht unbedingt klarer geworden. Die Dinge liegen tatsächlich nicht so einfach. Philosophen haben sich während weiter Teile des 20. Jahrhunderts bemüht, die Beziehung zwischen Modellen und Theorien systematisch zu verstehen. Dabei entwickelten sie letztendlich zwei verschiedene Ansätze.

Der erste, sogenannte syntaktische Ansatz, der Anfang des letzten Jahrhunderts von den logischen Positivisten und Empiristen vertreten wurde, startet ganz allgemein bei der Frage: Was ist Wissenschaft? Die Antwort: Wissenschaft kann man in drei verschiedene Bereiche einteilen. Der erste Bereich ist die wissenschaftliche Theorie, der zweite Bereich ist die empirische Welt. Um Welt und Theorie zusammenzubringen, braucht man eine Art Übersetzungshilfe, die vorgibt, welche Dinge in der Welt bestimmten theoretischen Begriffen entsprechen. So eine Übersetzungshilfe könnte zum Beispiel folgendermaßen aussehen: »V in Boyles Gesetz ist äquivalent zum messbaren Volumen xyz eines physikalischen Gefäßes, wie beispielsweise eines Glaswürfels mit den Ausmaßen x, y, z in Zentimetern gemessen, und in dem das beobachtete Gas enthalten ist.« Ein solches wissenschaftliches Wörterbuch wird im syntaktischen Ansatz als Menge von Korrespondenzsätzen bezeichnet und stellt damit den dritten Bereich von Wissenschaft dar. Es beantwortet die Frage: Was in der Welt entspricht den Beschreibungen in der Theorie? Ein Modell ist in diesem Bild eine alternative Interpretation der theoretischen Sätze: Man sucht sich ein anderes System als das, auf das die Theorie eigentlich abzielt, das sich aber ganz ähnlich verhält. In Bezug auf das boylesche Gasgesetz gibt es zum Beispiel das Billardkugelmodell, in dem Gasmoleküle als Billardkugeln aufgefasst werden, die miteinander kollidieren. Dieses Modell hat den primären Zweck, das Verständnis der Theorie zu vereinfachen. Wir können uns nun mal besser Billardkugeln vorstellen als Gasmoleküle. Aus diesem Grund nutzen wir auch das Planetenmodell, wenn wir versuchen, uns den Aufbau von Atomen vorzustellen: Es fällt uns leichter, Elektronen als Planeten zu denken, die den Atomkern wie eine Sonne umkreisen, als uns Orbitale vorzustellen. Modelle im syntaktischen Bild sind daher vor allem pädagogische Krücken. Nützlich, aber nicht wirklich zentral wichtig für das Funktionieren von Wissenschaft. Aber sind Modelle wirklich so unwichtig?

Die Anhänger der zweiten Schule, die »semantische Sicht« genannt wird, würden diese Frage entschieden mit Nein beantworten. Für sie sind Modelle im Gegenteil Kernstück von Wissenschaft, denn Theorien bestehen selbst aus Modellen. Genauer gesagt sind Modelle all diejenigen Systeme, die durch die Theorie beschrieben werden und durch die eine Theorie überhaupt erst ausgedrückt wird. Nehmen wir wieder das Beispiel der schwingenden Kugel. Die relevante Theorie sind das Newtonsche Gesetz, das die Wirkung der Gravitation beschreibt, und das Hookesche Gesetz, das die Auslenkung der Feder beschreibt. In der Theorie selbst sind alle konkreten Werte offengelassen: In der Schwingungsgleichung steht m für eine beliebige Masse, k für eine beliebige Federkonstante, durch die die Stärke der Feder beschrieben wird. Wenn man nun diese Werte konkret festlegt, zusammen mit der Anfangsauslenkung und Anfangsgeschwindigkeit der Kugel, bekommt man eine bestimmte Schwingungskurve in Raum und Zeit. Diese konkrete Schwingungskurve kann nun ein Modell für einen bestimmten Sachverhalt in der Welt sein und ihn repräsentieren. Anders als im »syntaktischen Bild« sind Modelle hier nicht nur zentral, sondern haben ihren primären Zweck darin, etwas Bestimmtes zu repräsentieren. Diese Beschreibung deckt sich mehr mit der wissenschaftlichen Praxis als die Herabwürdigung wissenschaftlicher Modelle als pädagogische Hilfsmittel und hat sich daher weitgehend unter den Wissenschaftsphilosophen durchgesetzt.

Weder die syntaktische noch die semantische Vorstellung darüber, was ein Modell ist, decken aber den Fall ab, dass ein Modell aus den Daten erst entsteht, beide nehmen ihren Ausgangspunkt in der zugrunde liegenden wissenschaftlichen Theorie. Der Philosoph Patrick Suppes hat diesen Fall 1962 analysiert und das Produkt »Datenmodell« genannt. Daten werden, wie im vorherigen Kapitel beschrieben, im Zuge ihrer Bearbeitung aussortiert, modifiziert und analysiert. Dabei werden immer komplexere Modelle der Daten erzeugt, was nur aussagt, dass die Daten unter Verwendung verschiedener Hypothesen und Annahmen bearbeitet und verändert werden. Ganz am Ende kommt man aber bei einer mathematischen Beschreibung der Daten heraus, beispielsweise in der Form einer Exponentialfunktion, die das Wachstum der Datenpunkte in der Zeit beschreibt. An diesem Punkt hat die Beschreibung der Daten die gleiche Form wie das aus der Theorie abgeleitete Modell. Vereinfacht gesagt hat man zwei Kurven, eine aus den Daten, eine aus der Theorie, die man daraufhin vergleichen kann, um zu beurteilen, ob die Daten von der Theorie beschrieben werden. Modelle sind insofern Vermittler zwischen der abstrakten Welt der Theorie und der durch Störeffekte verdreckten Welt der Daten – und insofern tatsächlich zentral für die wissenschaftliche Praxis. Wie genau wissenschaftliche Modelle diese Vermittlerrolle erfüllen, darüber kann man leidenschaftlich streiten. Alternativ kann man aber auch einfach mal die Wissenschaftler fragen, was sie denken. Die Philosophin und Astrophysikerin Daniela M. Bailer-Jones hat das im Jahr 2002 gemacht.

Philosophen können sich theoretisch ja viel überlegen, doch die Resultate sollten nicht zu weit von dem entfernt sein, was Wissenschaftler selbst über die Rolle von Modellen für die wissenschaftliche Praxis denken. Daniela M. Bailer-Jones hat mit neun britischen Wissenschaftlern aus verschiedenen naturwissenschaftlichen Fächern gesprochen. Darüber, dass Modelle in der Wissenschaft das zentrale Werkzeug überhaupt sind, herrschte weitgehende Einigkeit. Eine Definition für wissenschaftliche Modelle zu finden, fiel den Wissenschaftlern da schon schwerer, aber eine wiederkehrende Beschreibung war auch hier, dass Modelle vereinfachte Repräsentationen von Elementen der Realität sind. Darin steckt auch bereits die Hauptfunktionsweise wissenschaftlicher Modelle: Modelle repräsentieren ein Phänomen in der Welt, indem dessen wichtigste Eigenschaften im Modell integriert und alle irrelevanten Details weggelassen werden. »Ich denke, ein Modell versucht, die Essenz der Beobachtungen, die man zu verstehen versucht, zu identifizieren, und zwar so einfach wie möglich«, drückt es der Astronom Andrew Conway aus. Eigentlich eine simple Anweisung, aber der Teufel steckt wieder im Detail. Was wichtig und was unwichtig, was »die Essenz« des Phänomens in der Welt ist, hängt von der Aufgabe oder der Fragestellung des Modells ab. Und in den meisten Fällen ist die Unterscheidung zwischen wichtig und unwichtig alles andere als einfach.

Die befragten Wissenschaftler betonten, dass wissenschaftliche Erfahrung und Intuition daher die Grundvoraussetzungen dafür sind, ein gutes Modell zu entwickeln. Um zu entscheiden, ob man ein adäquates Modell vor sich hat, muss man sich gut auskennen, nicht nur mit dem realen System und dessen Eigenschaften, sondern auch mit dem Modell und dessen Funktionsweise. Aber warum nimmt man diesen Aufwand überhaupt auf sich? Das Hauptziel ist laut der befragten Wissenschaftler ein Verständnis des modellierten Systems: Wie funktioniert die Energieerzeugung der Sonne? Wie lang würde man noch die chemischen Spuren eines Strahlungsausbruchs eines jungen Sterns in dessen Umgebung sehen? Wie ist unsere Milchstraße entstanden und wie wird sie sich weiterentwickeln? Welche Prozesse für die Beantwortung dieser Frage eine Rolle spielen, kann ein Modell beantworten.

Ein anderes, erst mal sehr ähnlich klingendes Ziel mag sein, das Verhalten des realen Systems korrekt zu reproduzieren und vorherzusagen, so wie es zum Beispiel komplexe Simulationen tun. Interessanterweise sind beide Ziele aber keinesfalls identisch, sondern stehen in einer gewissen Spannung zueinander. Der Grund ist, dass es uns Menschen auf der einen Seite leichter fällt, anhand einfacher Modelle ein Verständnis zu entwickeln, aber komplexere Modelle besser in der Lage sind, Beobachtungsdaten zu reproduzieren. Der Festkörperphysiker John Bolton erklärte dies folgendermaßen: »Ich denke, die Abbildung der Realität ist nicht alles. Was man sucht, ist ein Verständnis dessen, was in der Natur passiert, und manchmal kann dir das ein einfaches Modell liefern, während ein großes Computerprogramm es nicht kann.« Wir werden darauf später noch einmal zurückkommen.

Insbesondere machen einfache Modelle es aber auch möglich, kausale Beziehungen auf die Probe zu stellen und zu schauen, welchen Einfluss es auf das modellierte System hat, wenn man einen bestimmten Prozess im Modell verändert oder weglässt. Wenn ich zum Beispiel die Bewegung eines vom Baum fallenden Apfels modelliere und dann die Gravitation abschalte, wird der Apfel nicht mehr fallen. Was ich daraus folgern kann, ist, dass die Gravitation offenbar verantwortlich für die Abwärtsbewegung ist.

Bei der Beurteilung eines Modells muss man sich aber nicht

nur auf seine Sachkenntnis und physikalische Intuition verlassen. Es gibt auch verschiedene Wege, Modelle ganz handfest zu testen. Der einfachste Test ist ein Vergleich mit empirischen Daten. Wenn man parallele Experimente mit dem realen System und dem Modell macht, sollte das Gleiche dabei herauskommen. Wenn alle wirkenden Kräfte und spezifischen Konstanten, wie die Windstärke, die Luftreibung und so weiter, korrekt modelliert sind, dann kann ich mein Modell eines fallenden Apfels erfolgreich mit dem Fall eines echten Apfels vergleichen. In Fächern, in denen man nicht so einfach experimentieren kann wie in der Astrophysik, werden Modelle allerdings eher behandelt wie Hypothesen (wir erinnern uns an die Sherlock-Holmes-Methode). Ihr Test läuft dann nach einem etwas anderen Muster ab: Wenn XY wirklich die korrekte Erklärung meiner Beobachtungen ist, dann sollte ich außerdem Z beobachten können: »Wenn du losziehst und in verschiedener Hinsicht siehst, dass die Vorhersagen des Modells bestätigt werden, dann kannst du sagen, dass dein Erklärungsmodell erhebliche Kraft hat und daher mit hoher Wahrscheinlichkeit korrekt ist«, fasst der Paläontologe Peter Skelton diesen Fall zusammen.

Letztendlich zeigt sich in den Aussagen der Wissenschaftler, dass es *das* eine, allgemeingültige Rezept zur Entwicklung eines guten Modells nicht gibt. In die Konstruktion eines Modells wirken viele Faktoren hinein, die immer vom konkreten Fall und der spezifischen Funktion und Aufgabe des Modells abhängen. Der niederländische Philosoph Marcel Joseph Boumans hat 1999 das wissenschaftliche Modellieren sehr treffend mit dem Backen verglichen: »Wenn man einen Kuchen ohne ein Rezept backen will, wie geht man vor? Natürlich startet man nicht völlig unvorbereitet, man weiß zum Beispiel schon, wie man Eierkuchen macht, und man kennt die wichtigsten Zutaten: Mehl, Milch, Backpulver und Zucker. Man weiß auch, wie der Kuchen aussehen und schmecken soll. Man beginnt einen

Trial-and-Error-Prozess, bis das Resultat so ist, wie man es haben wollte: Die Farbe und der Geschmack sind befriedigend. Charakteristisch für das Resultat ist, dass man die Zutaten im fertigen Kuchen nicht mehr erkennen kann. Modellentwicklung ist so, wie einen Kuchen ohne Rezept zu backen. Die Zutaten sind theoretische Ideen, persönliche Ansichten, Mathematisierung, Metaphern und empirische Fakten.« Wie man diese verschiedenen Zutaten zusammenmischt und ob etwas »Genießbares« dabei herauskommt, ist also nicht zuletzt eine Frage der eigenen Backerfahrung. Wenn man sich die wissenschaftliche Praxis ansieht, muss man sagen: Es ist wohl hoffnungslos, sich um eine allgemeine Definition von Modellen zu bemühen. Es gibt so viele verschiedene Arten von Modellen und verschiedene Strategien dafür, Modelle zu entwickeln, wie es verschiedene Backzutaten, Arten zu backen und Kuchen gibt.

Ein spannender Punkt in den Interviews von Bailer-Jones ist schließlich, dass sie mit den Wissenschaftlern auch das Problem des Realismus anspricht. Wie nah kommen Modelle der Realität, obwohl sie offensichtlich darauf beruhen, Dinge zu vereinfachen, Näherungen zu nutzen und viele Details auszulassen? Genau dies war ja der Punkt gewesen, der Ian Hacking Bauchschmerzen bereitet und ihn zu der Aussage verleitet hatte, die modellverliebte Astrophysik habe mit der Realität nicht viel zu tun. Tatsächlich scheinen Modelle immer nur teilweise akkurat zu sein. Bestimmte Aspekte des Ursprungssystems mögen korrekt modelliert sein, aber andere nicht. Man sollte daher nie den Fehler begehen, Modelle für die Realität zu halten, und mögen sie auch noch so realistisch wirken. »Sehen Sie, es ist interessant, sobald das Modell so gut wird, dass es tatsächlich so aussieht wie das Universum, werden die Leute sagen: ›Das ist das Universum‹, obwohl das Universum natürlich etwas andere Dinge tun wird als das Modell«, beschreibt es der Astrophysiker Malcolm Longair. Der Physiker John Bolton fasst es folgendermaßen zusammen: »Es ist nicht die reale Welt. Es ist eine Spielzeugwelt, aber du hoffst, dass es einige der zentralen Aspekte der Realität einfängt, zumindest qualitativ, wie Systeme reagieren.«

Es gibt also Modelle, die der Realität täuschend ähnlich sehen. Diese Modelle sind offensichtlich mehr als nur ein paar mathematische Gleichungen, deren Lösung man dafür nutzen kann, das Verhalten irgendeines Systems zu beschreiben. Realistische Modelle haben immer etwas mit Computern zu tun. Während es mathematische Modelle schon seit Anbeginn der Wissenschaften gibt, sind Computermodelle eine neuere Entwicklung, die erst seit den 1990er-Jahren philosophisch diskutiert wird. Sind Computermodelle einfach nur Modelle, die von Computern berechnet werden? Oder hat sich unsere Wissenschaft durch Simulationen grundlegend verändert?

ooo

Modelle – das weckt Erinnerungen bei meinem Vater: »Wenn man die Entwicklung von Schwarzen Löchern verstehen will, dann braucht man also Modelle. So was hast du doch auch in deiner Doktorarbeit gemacht, oder?«

»Ja genau, allerdings nicht mit Schwarzen Löchern, sondern mit Stoßwellen im interstellaren Medium. Mann, das müsstest du mittlerweile doch echt mal wissen.«

»Ja das stimmt, von Schwarzen Löchern hast du nichts erzählt, das hätte ich mir gemerkt.«

»Wenn man Schwarze Löcher modellieren will, braucht man etwas, was ich in meiner Doktorarbeit nicht brauchte: Einsteins allgemeine Relativitätstheorie. Schließlich geht es darum, dass eine kompakte Masse den Raum krümmt.«

»Also ist die allgemeine Relativitätstheorie ein Modell für ein Schwarzes Loch?«

»Nein, die Relativitätstheorie selbst nicht. Die liefert nur die allgemeine Beschreibung. Aber um ein Schwarzes Loch berechnen zu können, muss man die Einsteinschen Feldgleichungen auf ein Schwarzes Loch anwenden. Man muss also die Gleichungen für einen ganz spezifischen Fall lösen, für eine bestimmte, kompakte Masse in dem Fall. Aus dieser Anwendung bekommt man dann ein konkretes Modell.«

»Ich habe ja auch viele Modelle gemacht. Allerdings eher aus Ton oder Holz.«

»Ja, dann kennst du ja auch das Problem bei Modellen: Jedes Modell vereinfacht das Ursprungsobjekt.«

»Ja, sonst könnte man es sich ja auch sparen und gleich das Ursprungsobjekt nehmen.«

»Genau. Und so ist es ja auch in der Physik. Zum Beispiel wurde das erste Mal 1916 ein Schwarzes Loch von Karl Schwarzschild berechnet, indem er die Feldgleichungen für eine homogene, nicht geladene und nicht rotierende Kugel gelöst hat. Allerdings sind »echte« Schwarze Löcher normalerweise von Materie umgeben und haben vermutlich auch eine Ladung und einen Drehimpuls.«

»Und warum berechnet man die Gleichungen dann nicht gleich einfach für die realistischeren Fälle?«

»Macht man ja. Aber das geht dann nicht mehr so einfach mit Zettel und Stift. Irgendwann werden die Modellrechnungen so kompliziert, dass man einen Computer zum Rechnen braucht. Aber zu Zeiten von Schwarzschild musste das Modell halt so einfach sein, dass er es selbst berechnen konnte.«

9.

DER KOSMOS IM COMPUTER

Die Hauptaufgabe von Modellen ist, reale Systeme so abzubil-
den, dass wir sie mit unseren Theorien rechnerisch in den Griff
bekommen und verstehen können. Die Komplexität von Modellen ist daher eng mit unseren rechnerischen Fähigkeiten ver-
knüpft. Die Einführung von Computern in die Forschung Mitte
des vergangenen Jahrhunderts war aus diesem Grund erst
einmal eine gute Nachricht: Computer können schneller und
besser rechnen, insofern ist man bei den mathematischen Modellen nicht mehr darauf angewiesen, so dramatisch zu vereinfachen, dass man mit Zettel und Stift zu einer Lösung kommen kann. Der erste digitale, programmierbare Computer, der
Electronic Numerical Integrator and Computer, wurde 1945
während des Zweiten Weltkriegs in den USA gebaut, um die
»menschlichen Computer« zu ersetzen: Gruppen von Frauen,
die in den Forschungslaboren mit mechanischen Rechnern Berechnungen durchführten. Zunächst wurden Computer vor allem dafür eingesetzt, thermonukleare Reaktionen zu berechnen, was letztendlich in der Entwicklung der Wasserstoffbombe
endete. Neben der Rüstungsindustrie war insbesondere auch
die Meteorologie an der neuen Technologie interessiert – das
Wetter per Hand hydrodynamisch zu berechnen, ist offensichtlich ein völlig hoffnungsloses Unterfangen. Die Berechnung
und Vorhersage des Wetters wurde durch den Einsatz von Computern überhaupt erst möglich.

Man könnte entsprechend sagen, dass die Computer die uns
zugängliche theoretische Welt ähnlich erweitert haben wie Te-

leskope und Mikroskope die uns zugängliche empirische Welt. Bei der mathematischen Formulierung eines wissenschaftlichen Problems trifft man oft auf ein Muster: Man weiß, wie sich eine bestimmte Größe mit der Zeit oder von einem Ort zum anderen verändert. Was man wissen will, ist dann der absolute Wert dieser Größe. Klassisches Problem: Ich kenne die Geschwindigkeit (also die Änderung des Ortes), mit der ich zu jedem Zeitpunkt unterwegs bin, und möchte daraus ableiten, an welchem Ort ich mich jeweils befinde, wenn ich nur meinen Anfangsort kenne. Diese Art von Problem führt auf das, was man eine Differenzialgleichung nennt. Differenzialgleichungen sind typischerweise schwer zu lösen, es gibt zwar ein paar Standardfälle, für die die Lösungen bekannt sind, aber sehr schnell werden die Gleichungen zu schwer, um sie als Mensch noch analytisch per Hand auszurechnen.

Was nun Computer machen, ist die Anwendung einer Methode, für die man als Mensch sehr viel Geduld mitbringen müsste. Anstatt nach einer allgemeinen, mathematischen Lösung für das Problem zu suchen, fangen sie beim bekannten Anfangszustand an (im Beispiel am Ort, an dem ich meine Reise starte) und hangeln sich von dort weiter: Wenn ich annehme, dass ich mit 20 Kilometern pro Stunde starte, bin ich mit dieser Geschwindigkeit nach fünf Sekunden an Ort X_1. Dort schaue ich nach, welche Geschwindigkeit ich nun nach fünf Sekunden habe, 18 Kilometer pro Stunde, und berechne, wo ich bin, wenn ich weitere fünf Sekunden mit der Geschwindigkeit 18 Kilometer pro Stunde fahre. Und so weiter. Als Mensch würde man bei diesen Rechnungen wahnsinnig werden. Hier sieht man allerdings schon, dass es sich um eine Näherungsmethode handelt, denn die ersten fünf Sekunden war ich offensichtlich nicht mit einer Geschwindigkeit von 20 Kilometern pro Stunde unterwegs, sondern bin währenddessen zwei Kilometer pro Stunde langsamer geworden. Die Fehler, die dadurch entstehen, kann man minimieren, indem man die Abstände zwischen den Berechnungspunkten kleiner macht (und indem man die Berechnung etwas raffinierter gestaltet als dargestellt). Mit dieser Methode ist es möglich, Probleme in den Griff zu bekommen, vor denen man vor der Einführung von Computern kapitulieren musste.

Theoretisch funktioniert Modellierung im Computer also folgendermaßen: Man hat ein bestimmtes Problem und kennt die wissenschaftliche Theorie, in deren Zuständigkeitsbereich das Problem fällt. Als Erstes leitet man ein mathematisches Modell aus der Theorie ab, durch das das konkrete Problem beschrieben wird. Dabei muss man empirische Informationen über das Problem haben, beispielsweise physikalische Längen und Materialeigenschaften. Bis hierhin läuft die Modellierung genauso wie vor der Existenz von Computern, bis auf die Tatsache, dass man bei der Entwicklung des mathematischen Modells keine zusätzlichen Vereinfachungen einführen muss. Der Computer wird ja schließlich mit komplizierten Rechnungen fertig. Die resultierende mathematische Beschreibung muss man dann in einen Algorithmus übersetzen, der dem Computer sagt, wie er die Gleichungen Schritt für Schritt lösen kann. Dieser Schritt ist derjenige, der ein Computermodell ausmacht. Schließlich gibt der Computer Ergebnisse in Form von Zahlen aus, die interpretiert werden müssen.

Diese Beschreibung ist allerdings ein bisschen idealisiert. Der Grund dafür ist, dass Computer zwar sehr viel besser rechnen können als wir Menschen, aber trotzdem Grenzen in ihrer Rechenfähigkeit besitzen. Wenn man komplexe physikalische Probleme gemäß der obigen Anleitung in Computeralgorithmen übersetzt und dabei alle physikalischen Details berücksichtigt, erzeugt man schnell Computerprogramme, die selbst in großen Rechnerclustern jahrelang laufen würden, bis sie zu einem Ergebnis kommen. In Ausnahmefällen kann man sich so etwas leisten, aber im Allgemeinen möchte man seine Ergebnisse doch etwas schneller haben, zumal Rechnerleistung nach wie vor teuer ist. Man steht also wieder vor demselben Problem wie vorher: Wie vereinfacht man ein Problem so, dass man die relevanten Eigenschaften des modellierten Systems im Modell berücksichtigt und nur unwichtige Details ignoriert?

DIE TRICKS DER COMPUTERPROGRAMME

Wenn man mit Computern arbeitet, gibt es viele Tricks, wie man Probleme so vereinfacht, dass der Computer sie gut bewältigen kann. Man kann zum Beispiel bestimmte Prozesse, die im Modell eine Rolle spielen, nicht physikalisch korrekt beschreiben, sondern nur grob abschätzen. Wenn ich zum Beispiel mein Körpergewicht modellieren wollte, dann wäre ein relevanter Faktor die tägliche Kalorienaufnahme. Wie viele Kalorien ich täglich zu mir nehme, könnte ich daraus berechnen, was ich jeden Tag esse. Wenn mir diese Rechnung aber zu aufwendig ist, könnte ich einfach annehmen, dass ich jeden Tag konstant 1400 Kilokalorien zu mir nehme. Im Mittel stimmt das wahrscheinlich, aber natürlich lösche ich mit dieser Annahme alle Variationen aus, die sich aus Ausnahmen wie zum Beispiel fetten Weihnachtsmenüs ergeben. Diese Art von Vereinfachung wäre eine, die nicht aus der Theorie kommt (in diesem Fall die Theorie des Kaloriengehalts verschiedener Lebensmittel), sondern auf der Basis empirischer Daten geschätzt wurde (ich beobachte für einen bestimmten Zeitraum, was ich esse, und extrapoliere auf dieser Grundlage).

In der Astrophysik gibt es oft das Problem, wie man bei der numerischen Beschreibung von Systemen mit der Tatsache umgeht, dass sich viele verschiedene Prozesse auf verschiedenen Skalen abspielen. Wenn ich zum Beispiel eine Galaxie beschreibe, besteht sie aus Staub, Gas, Dunkler Materie und Sternen, die sich in charakteristischer Weise angeordnet haben. Aber an jeder Stelle kann ich auf beliebige Details herunterzoomen: Das Gas befindet sich zum Beispiel in verschiedenen Phasen. Es kann heiß sein und aus Ionen bestehen, kalt und aus Atomen zusammengesetzt sein. Wenn es noch kälter und dichter ist, dann besteht es aus Molekülen. Welche Form von Gas ich an welcher Stelle in der Galaxie finde, hängt davon ab, wie das Gas aufgeheizt ist und Wärme wieder abgeben kann. Das hängt wiederum von der chemischen Zusammensetzung des Gases und den Heizprozessen in der Umgebung ab. Letztendlich landet man auf der Skala von sich im Nanobereich abspielenden Mikroprozessen, obwohl man eigentlich die Galaxie auf der Skala von einigen Lichtjahren beschreiben wollte. Irgendwo muss man daher einen Schnitt machen und sagen: Die Prozesse, die sich auf Skalen kleiner als beispielsweise die Ausdehnung unseres Sonnensystems abspielen, interessieren mich nicht im Detail. Trotzdem spielen sie natürlich eine Rolle. Diese Rolle der sogenannten »subgrid physics«, der Physik auf Skalen, die in der Simulation nicht mehr aufgelöst werden, qualitativ abzuschätzen, ist ein typisches und schwieriges Problem für komplexe Computermodelle. Oft wird es so gelöst, dass man, wie oben beschrieben, eine grob vereinfachte Beschreibung dieser kleinskaligen Prozesse implementiert.

Das gleiche Problem hat man in der Meteorologie. Hier sind ein bekanntes Beispiel die Wolken, die, selbst wenn sie sehr klein sind, einen großen Einfluss auf die Entwicklung des Wetters haben. Es ist klar, dass man in einer komplexen Wettersimulation nicht jede Wolke einzeln berechnen kann. Aber wie kann man trotzdem deren Wirkungen korrekt berücksichtigen? Diese Frage ist nach wie vor nicht zufriedenstellend gelöst und ein Gebiet aktiver Forschung. An solchen Beispielen sieht man, dass die Entwicklung von Computermodellen mindestens genauso wie die der klassischen Modelle auf der Fähigkeit beruht, das Problem durch geschickte Tricks, Vereinfachungen und Approximationen lösbar zu machen. Wir können zwar sehr viel mehr Probleme in Angriff nehmen als vor der Erfindung der Computer, das Grundproblem ist aber das gleiche geblieben: Modelle müssen vereinfachen, und die Frage ist, wie weit man dabei gehen darf.

WENN DIGITALISIERUNG PROBLEME VERURSACHT

Das Problem ist das gleiche geblieben, aber man kann sogar fast sagen, dass es sich verschärft hat. Es entsteht daraus, dass die Komplexität der Modelle zusammen mit der Rechenfähigkeit gewachsen ist. Man kann einem Computer ja ohnehin nicht beim Rechnen zusehen, aber bei komplexen Algorithmen ist es sogar schon schwierig, den Überblick zu behalten, was der Computer überhaupt genau rechnet. Welche Faktoren er also in seine Rechnung mit einbezieht und welche nicht. Das hängt auch damit zusammen, dass wissenschaftliche Simulationen oft über Jahrzehnte gewachsen sind. Manchmal haben Generationen von Doktoranden und Postdoktoranden an einem bestimmten Quellcode geschrieben. Am Anfang ist der Code noch rudimentär und enthält nur die fundamentalsten Gleichungen, aber nach und nach werden mehr und mehr Details hinzugefügt und zusätzliche Prozesse implementiert.

Während meiner Doktorarbeit war genau das meine Aufgabe. Das numerische Modell, das ich weiterentwickeln sollte, war Mitte der 1980er-Jahre entstanden. Es beschreibt Stoßwellen im interstellaren Medium, im Englischen »shocks« genannt. Was eine Stoßwelle ist, kann man sich tatsächlich gut anhand dessen verdeutlichen, was wir allgemein unter einem Schockerlebnis verstehen: Etwas kommt völlig überraschend, wie aus dem Nichts, ohne jede Ankündigung, und führt zu nachhaltigen Veränderungen, es wird heiß, man fühlt sich unter Druck, es dauert eine Weile, bis alles wieder so ist wie vorher. Dass etwas völlig überraschend kommt, heißt physikalisch, dass kein Informationsträger schneller ist als das Ereignis selbst. Im Rahmen der Fluiddynamik ist das der Fall bei Störungen, die sich schneller als mit Schallgeschwindigkeit bewegen. Man kennt das Phänomen, wenn Flugzeuge die Schallmauer durchbrechen: Die Schallmauer besteht aus Schallwellen, die dem Flugzeug vorauseilen, und die sich immer dichter stauen, je näher das Flugzeug der Schallgeschwindigkeit kommt, bis es die von ihm selbst erzeugten Schallwellen schließlich hinter sich lässt.

Im Universum gibt es viele Ereignisse, die zu Stoßwellen führen: Supernovaexplosionen, Masseausflüsse junger Protosterne oder kollidierende Galaxien. Wie so oft in der Astrophysik ist die Aufgabe der numerischen Modellierung, den physikalischen Hintergrund bestimmter Beobachtungen zu verstehen – genau wie wir das früher im Rahmen der Sherlock-Holmes-Methode gesehen haben: »Wenn ich diese bestimmte Kombination von Spektrallinien beobachte, die allgemein auf die Existenz einer Stoßwelle hindeuten könnten, was für eine spezielle Art von Stoßwelle existiert dann am Herkunftsort der Strahlung und welche anderen Beobachtungen können die Hypothese weiter stärken oder entkräften?« Was man mit einem Stoßwellenmodell insbesondere herausfinden will, sind die Eigenschaften der Stoßwelle selbst und die physikalischen und chemischen Eigenschaften der Umgebung. Daraus kann man dann wiederum Rückschlüsse auf denjenigen Prozess ziehen, der die Stoßwelle hervorgerufen hat, also den jungen Stern, die Supernova oder die Galaxien.

In den ersten Schockveröffentlichungen aus den 1980er-Jahren ging es allerdings erst einmal gar nicht darum, Beobachtungen anhand von Modellen konkret zu interpretieren. Das Ziel war vielmehr, anhand des Stoßwellenmodells ein allgemeines Verständnis dieses Phänomens zu entwickeln, indem einzelne Prozesse einzeln auf die Probe gestellt wurden: Welche Rolle spielt die Chemie? Welche Rolle spielen Staubteilchen für die Stoßwelle? Unter welchen Bedingungen kann man so tun, als würde sich die Stoßwelle in der Zeit nicht verändern? Verschiedene Prozesse wurden nacheinander implementiert, und es wurde geschaut, wie sich die resultierende Stoßwelle verändert in Bezug auf Breite, Temperatur, Dichte und Chemie. Erst seit den späten 1990er-Jahren war einerseits das Modell ausgearbeitet genug und gab es andererseits genügend gute astronomische Daten, um das Modell im Detail mit Beobachtungen vergleichen zu können. Heute ist das Stoßwellenmodell ein öffentlich verfügbares und viel genutztes Standardwerkzeug in der Interpretation von Messdaten.

Innerhalb der bisher gut 30 Jahre Modellentwicklung waren wahrscheinlich fast 100 verschiedene Astronomen an der Entwicklung beteiligt. Allein die erste Serie von Veröffentlichungen, »Theoretische Studien interstellarer, molekularer Stoßwellen I–X«, die zwischen 1985 und 1989 erschien, wurde von acht verschiedenen Autoren geschrieben, wobei zwei davon die beiden »Väter« des Codes sind, die damals noch am Anfang ihrer Karriere standen und heute bereits emeritiert sind. Seitdem haben die beiden mit wechselnden Koautoren Hunderte von Veröffentlichungen betreut, in denen der Code jedes Mal ein bisschen ausgefeilter wurde. Mein Beitrag war dabei vor einigen Jahren, herauszufinden, welche Auswirkungen es hat, wenn Staubteilchen im Schock durcheinandergewirbelt werden, zusammenstoßen und sich gegenseitig zerstören. Dabei habe ich mich durch viele Tausende Zeilen Quellcode des Algorithmus gearbeitet, um zu verstehen, was der Computer wann und wie genau berechnet. Trotzdem gibt es Bereiche der Software, mit denen ich mich nie intensiv beschäftigt habe, weil sie für mein Problem keine große Rolle gespielt haben. Was bedeutet das aber, zusammen mit dem Generationen dauernden Wachstum des Codes, für einen Modellskeptizismus, wie ihn beispielsweise Hacking vertreten hat?

COMPUTERMODELLE, DIE IMMER GRÖSSER WERDEN

Computermodelle sind wie gewachsene Städte. Es gibt einen relativ übersichtlichen Kern, an den mit der Zeit immer mehr Siedlungen und Vororte angebaut wurden. Es gibt normalerweise immer ein paar Menschen, die sich, zumindest grob, noch in der ganzen Stadt auskennen, viele kennen aber nur noch ihren eigenen Stadtteil, und manche wohnen dort und kennen außer ihrer eigenen Wohnung überhaupt nichts. Letztere entsprechen denjenigen Nutzern eines Modells, die es als »Blackbox« nutzen. Sie bestimmen die Input-Parameter, lassen es laufen, ohne genau zu wissen, was im Modell genau passiert, und arbeiten dann mit den modellierten Resultaten weiter. Sofern das Modell gut entwickelt und dokumentiert wurde, muss dieses Verhalten nicht schlecht sein und ist oft sogar unvermeidlich, denn wenn man sich als Astronom vor allem mit der Bearbeitung von Beobachtungsdaten auskennt, kann man nicht gleichzeitig auch Experte in Modellierungsfragen sein. Wenn man aber trotzdem die eigenen Daten mit einem Modell selbst interpretieren will, kommt man kaum umhin, dem Modell und dessen Entwicklern zu vertrauen und im Zweifel einen Modellierer um Hilfe zu bitten. Im Alltag ist es ja auch so, dass wir die Funktionsweise der allermeisten Geräte, die wir benutzen, nicht im Detail verstehen, ohne dass wir deshalb sofort in Notlagen geraten.

Problematisch wird es aber, wenn im Zuge dessen die Grenzen des jeweiligen Modells in Vergessenheit geraten. Wir hatten oben gesehen, dass jedes Modell darauf beruht, die wichtigsten Eigenschaften des Ursprungssystems zu implementieren, während alle unwichtigen Details weggelassen werden. Was wichtig und was unwichtig ist, hängt aber immer von der Fragestellung ab, für deren Beantwortung das Modell genutzt wird. Wenn sich der Einsatzbereich des Modells ändert, muss man die Gültigkeit des Modells neu prüfen, und dafür braucht man Wissen darüber, wie das Modell überhaupt arbeitet. Traditionell wird für die Frage, ob ein Modell für eine bestimmte Fragestellung überhaupt geeignet ist, in der Forschung viel Zeit aufgewendet. Allerdings nimmt diese Aktivität vergleichsweise wenig Raum in den Veröffentlichungen selbst ein.

Hier lauert eine Gefahr, denn je höher der Publikationsdruck ist und je weniger Zeit für Tests man hat, die die Forschung »nur« qualitativ, aber nicht quantitativ im Sinne einer höheren Publikationsfrequenz voranbringen, desto größer ist die Wahrscheinlichkeit, dass Sicherheitschecks entfallen und Modelle jenseits ihres Gültigkeitsbereichs angewendet werden. Gleichzeitig wird es immer schwieriger, den Gültigkeitsbereich eines Modells wirklich einschätzen zu können, je komplexer das Modell ist. Philosophen nennen diese Eigenschaft komplexer Computersimulationen ihre »epistemische Undurchsichtigkeit«. Es ist schwer zu verstehen, wie die einzelnen Bestandteile einer Computersimulation konkret zusammenwirken, um ein bestimmtes Ergebnis zu erzeugen. Die Situation ist wie schon beschrieben so ähnlich, wie wenn man einen Kuchen mit einer Backmischung backt. Man weiß grob, was in der Backmischung enthalten ist, und wenn man die Backmischung genau nach Anleitung verwendet, kommt das Ergebnis heraus, das man erwartet. Allerdings lernt man mit einer Backmischung nicht Backen. Man erwirbt kein grundlegendes Wissen über die Prinzipien der Backkunst, was insbesondere auch bedeutet, dass man Schwierigkeiten bekommt, wenn man irgendwann mit einer Zitronenkuchen-Backmischung versucht, einen Schokoladenkuchen zu backen. Das kann funktionieren, wenn man sich die Mühe macht, sich in die genaue Zusammensetzung der Zitronenkuchen-Backmischung einzuarbeiten, sodass man auf der Grundlage dieses Wissens in der Lage ist, eine neue Mischung mit Geschmacksrichtung Schokolade anzurühren. Modellierung braucht daher Zeit. Modelle müssen permanent kritisch getestet werden, genau wie das eigene Verständnis der Modellierung.

Die Tatsache, dass die Entwicklung wissenschaftlicher Modelle eine generationenübergreifende Unternehmung ist, hat aber noch eine andere Konsequenz, die es wichtig macht, genau zu wissen, was im Inneren der Modelle vor sich geht. Die Philosophin Stéphanie Ruphy, der wir bereits beim Thema der Klassifikationen astronomischer Phänomene begegnet waren, hat diese Konsequenz 2011 in einem Artikel beschrieben, in dem sie sich mit komplexen Simulationen von Galaxien beschäftigt. Darin analysiert sie, wie die lange Entwicklung von Simulationen zu einer »Pfadabhängigkeit« der Modellierung führt. Was sie damit meint, ist, dass bei der Implementierung verschiedener physikalischer Effekte Entscheidungen getroffen werden müssen: Man modelliert etwas auf eine bestimmte Art und Weise, obwohl es durchaus auch andere Möglichkeiten der Modellierung gegeben hätte. Man beschreibt beispielsweise den Staub als kleine Kugeln, obwohl man ihn auch als Ellipsoide hätte beschreiben können. Oder man benutzt für die Beschreibung der elektromagnetischen Strahlung einen auf dem Zufallsprinzip beruhenden Monte-Carlo-Algorithmus, anstatt sie klassisch mit einer Strahlungstransportgleichung zu berechnen.

Es ist, wie wenn man an einem Punkt ohne Karte zu einer Wanderung startet und sich bei jeder Weggabelung aus bestimmten Gründen für den Weg rechts oder links entscheidet. Am Ende erreicht man ein Ziel, das vielleicht den eigenen, ursprünglichen Vorstellungen entspricht, und man macht sich wenig Gedanken, wo man hingekommen wäre, wenn man hier oder dort anders abgebogen wäre. Aber es ist nun mal eine Tatsache, dass man auch an vielen anderen Punkten hätte ankommen können, die vielleicht auch »gut« gewesen wären. Die von Ruphy geschilderte Gefahr ist, dass diese Tatsache in Vergessenheit gerät und man irgendwann denkt, der eigene Weg war der einzig mögliche. In der Wissenschaft: Das eigene Modell ist das einzig mögliche Modell eines bestimmten Phänomens. Ruphy appelliert daher, dass man alternative Modelle systematischer erforschen sollte, um eine bessere Vorstellung für die Verlässlichkeit von Modellen zu bekommen. Wenn man zehn Modelle desselben Phänomens hat, kann man die Voraussagen der Modelle vergleichen. Wenn alle verschiedene Voraussagen machen, dann kann man daraus wohl schließen, dass die Modelle wenig zuverlässig sind. Tatsächlich wird diese Methode auch bereits genutzt. Doch auch hier ist wieder das Problem ein wissenschaftspolitisches: Alternative Modelle zu entwickeln verspricht kein besonders großes Renommee, bedeutet aber viel Arbeit. Ohnehin kann man nicht alle möglichen Arten der Modellierung realisieren, wenn man mit der Forschung vorankommen möchte, es gibt dafür einfach viel zu viele Möglichkeiten. Vielversprechender ist es, verschiedene Methoden zu kombinieren, um ein bestimmtes Modell in seiner Gültigkeit zu testen.

Das Testen von Modellen und Simulationen hat eine ganze Industrie hervorgebracht, was wenig erstaunt, wenn man bedenkt, dass beispielsweise Flugzeuge auf der Grundlage von Modellberechnungen fliegen. In der Astrophysik mag es vielleicht kein Weltuntergang sein, wenn es ab und zu mal eine Veröffentlichung gibt, in der Modelle ein paar Fehler produziert haben. Aber sobald Modelle und Simulationen praktisch angewendet werden und ihr Funktionieren im schlimmsten Fall über Leben und Tod entscheiden kann, ist es zentral wichtig, dass man sich auf die Berechnungen verlassen kann. Die entsprechende ingenieurswissenschaftliche Technik nennt sich »Validation and Verification«. Wie die Philosophin Wendy Parker es einmal prägnant zusammengefasst hat, kann man sich darunter Folgendes vorstellen: Verifikation heißt, zu sehen, ob das Modell richtig berechnet wurde, Validierung, ob das richtige Modell berechnet wurde. Bei der Verifikation geht es also darum, ob der Computer das berechnet, was er soll, und schließlich bei einer korrekten Lösung des implementierten Problems landet, bei der Validierung darum, ob das Computermodell selbst so gewählt wurde, dass es dem Problem angemessen ist.

Der schwierigere Schritt ist offensichtlich, nach all dem, was wir bisher gehört haben, die Validierung. Wann kann man sagen, dass ein Modell ein bestimmtes Phänomen im Rahmen einer bestimmten Problemstellung korrekt repräsentiert? Wann kann man sagen, dass man die richtigen mathematischen Gleichungen, die richtigen Vereinfachungen, zutreffenden Annahmen und funktionierenden Tricks gewählt hat? Der einfachste Weg ist, wie bereits erwähnt, das Modell mit empirischen Daten zu vergleichen. Wenn man ein reales Experiment mit dem modellierten System durchführt, und diese Situation genauso im Modell wiederholt, sollte im Modell und im Ursprungssystem das Gleiche herauskommen. Beziehungsweise sollte die Abweichung zwischen beidem im Rahmen der angestrebten Unsicherheiten liegen. Natürlich ist hier ein typisches Problem, dass das Ursprungssystem aufgrund seiner Komplexität selbst Experimenten nicht zugänglich ist (man denke zum Beispiel an Klimamodelle), was dann überhaupt erst der Grund dafür ist, warum man ein Modell entwickelt. Aber manchmal gibt es doch die Möglichkeit, das simulierte System unter vereinfachten Laborbedingungen zumindest teilweise zu vermessen und diese Messungen dann mit den Resultaten der Simulation zu vergleichen. Im Fall der Klimamodelle kann man beispielsweise alte Messdaten nutzen und testen, ob das Modell diese Daten reproduzieren kann.

Eine andere Strategie ist, das Modell für einen besonders einfachen Fall laufen zu lassen, für den man die zugrunde liegenden Gleichungen auch »per Hand« lösen kann, sodass man die exakte Lösung mit der numerischen vergleichen kann. Beim Modell der Stoßwellen könnte man zum Beispiel alle komplizierte Mikrophysik ausschalten und einfach nur die hydrodynamischen Grundgleichungen mit verschiedenen Randbedingungen lösen, was fast jeder Astronomiestudent schon einmal im Studium machen musste. Alternativ kann man, wie schon erwähnt, auch die Ergebnisse verschiedener Modelle des gleichen Phänomens miteinander vergleichen. Wenn die Streuung der Resultate sehr groß ist, wird deutlich, dass das Phänomen stark von den Details der jeweiligen Modellierung abhängt und man vorsichtig damit sein sollte, die Modellierungsergebnisse zu wörtlich zu nehmen.

Von diesen expliziten Methoden abgesehen ist es aber so, dass man als Modellierer mit der Zeit ein Gefühl für sein Modell bekommt. Man weiß (wie ein guter Bäcker bei seinem Kuchenteig), wie es sich in verschiedenen Fällen verhält, was passiert, wenn man das eine oder andere Detail im Code ändert, und was das Modell kann und was nicht. Um dieses Gefühl zu entwickeln, muss man mit dem Modell »herumspielen«, sich die Zeit nehmen, Änderungen im Quellcode vorzunehmen und zu sehen, was daraufhin passiert, oder das Modell mit verschiedenen Eingabeparametern laufen lassen. Es ist ein bisschen so wie das Gefühl, das man auch für Geräte im Haushalt entwickelt. Zum Beispiel hatte ich in meiner letzten Wohnung einen sehr eigenwilligen Gasherd, bei dem wegen des besonderen Designs der Küchenzeile nicht alle Töpfe auf alle Platten passten, und wo es bei einer Kochstelle jedes Mal eine riesige Flamme beim Anzünden gab, weil die Gaszuleitung dort nicht richtig funktionierte. Ich konnte damit schließlich gut umgehen, aber Gäste ohne eine besondere Kenntnis meines Herds liefen jedes Mal Gefahr, sich die Finger zu verbrennen. So ist es auch mit einem Modell. Als regelmäßiger Nutzer weiß man, was funktioniert und was nicht, worauf man sich verlassen kann und worauf nicht und wie man mit Fehlfunktionen so umgeht, dass das Modell trotzdem seinen Zweck erfüllt.

Modellierung hat in dieser Hinsicht sehr viel Ähnlichkeit mit dem guten alten Experimentieren im Labor. Auch hier stellt sich die Frage: Tut das Experiment das, was es tun soll? Kann ich mich darauf verlassen, dass meine experimentellen Ergebnisse das abbilden, was draußen in der Welt passiert, auch wenn der experimentelle Aufbau weniger komplex ist als die Welt außerhalb des Labors – und auch wenn ich als Experimentator vielleicht irgendwo beim Aufbau einen Fehler gemacht haben könnte. Die Strategien dafür, ein Laborexperiment zu testen, sind letztendlich die gleichen wie die hier beschriebenen Strategien, ein Computermodell zu testen. Diejenigen Philosophen, die versucht haben, die Erkenntnistheorie der Computermodelle zu verstehen, also zu ergründen, wie wir mit Computermodellen die Welt erkunden, konnten es sich insofern leicht machen und einfach viele derjenigen Einsichten ihrer Kollegen übernehmen, die sich der Philosophie des Experiments verschrieben haben. Einen dieser Kollegen haben wir ja bereits kennengelernt: Ian Hacking, Gründungsvater der Philosophie des Experiments, seines Zeichens kein besonderer Fan der Computermodellierung. Hier können wir ihn also gleich einmal beim Wort nehmen und konkret schauen: Haben die Astrophysiker besondere Probleme damit, ihre Simulationen zu testen? Sind astrophysikalische Modelle hinsichtlich ihres Realitätsgehalts besonders schwer einzuschätzen?

MODELLE TESTEN

Praktisch alle wissenschaftlichen Disziplinen beruhen heute massiv auf dem Einsatz komplexer Modelle und Simulationen. Die Astrophysik macht da keine Ausnahme. Im Gegenteil ist sie auf Modelle besonders angewiesen, da viele der von ihr studierten Phänomene sich auf zu großen räumlichen und zeitlichen Skalen und unter zu extremen physikalischen Bedingungen abspielen, um im Labor untersucht zu werden. Aber hat es die Astrophysik besonders schwer, die Gültigkeit ihrer Modelle zu testen, so wie es bei Ian Hacking vielleicht anklang? Wenn wir erst einmal die Liste möglicher Tests aus dem vorherigen Kapitel durchgehen, sehen wir als Erstes, dass eine empirische Überprüfung astrophysikalischer Modelle schwierig ist.

Parallele Experimente durchzuführen funktioniert nicht so einfach, weil wir mit kosmischen Phänomenen nicht direkt experimentieren können. Vergleiche mit einfachen, mit Zettel und Stift berechenbaren Grenzfällen kann man zwar anstellen, aber der Graben in Hinsicht auf die Komplexität zwischen solchen einfachen Fällen und den hochkomplexen astrophysikalischen Phänomenen scheint zu groß, um sich auf diese Methode wirklich zu verlassen. Vergleiche von Modellen untereinander können eine hilfreiche Strategie sein, aber hier ist das Problem, dass es oft für ein bestimmtes Phänomen nicht genügend unabhängig voneinander entwickelte Modelle gibt. Zum Beispiel gibt es weltweit vielleicht fünf numerische Modelle interstellarer Stoßwellen in Molekülwolken, von denen man gar nicht unbedingt sinnvoll ähnliche Ergebnisse erwarten kann, weil sie zum Teil unterschiedliche physikalische Prozesse enthalten. Bleibt immer noch, das Modell selbst zu testen, indem der Einfluss einzelner Prozesse im Modell geprüft und mit den physikalischen Erwartungen abgeglichen wird, indem man das Modell mit verschiedenen Randbedingungen laufen lässt und versteht, wie sich das Verhalten des Modells jeweils ändert, allgemein also, indem der Modellierer beruhend auf intensiver Interaktion mit dem Modell ein Gefühl für die Stärken, Schwächen und Grenzen des Modells entwickelt. Aber wie sieht die Prüfung astrophysikalischer Modelle denn nun in der Praxis aus?

Die Soziologin Mikaela Sundberg hat 2012 erforscht, wie Astrophysiker für die Überzeugungskraft ihrer Modelle argumentieren, indem sie elf Modellierer intensiv beobachtet und befragt hat. Ihre Grundfrage lautete: Wie deuten Astrophysiker den numerischen, oft unerwarteten Output eines komplexen Modells? Als zentrale Herausforderung beschreibt sie die Unterscheidung zwischen »realen« Effekten und numerischen Artefakten: Ist eine bestimmte Eigenschaft der numerischen Resultate auf die Natur des modellierten Phänomens zurückzuführen, oder ist sie nur durch unsere Art der Modellierung entstanden? Wenn ich die Strahlung meines jungen Sterns modelliere und herausbekomme, dass er Pulse von Strahlung aussendet, heißt das, dass mein Stern wirklich pulsiert, oder lediglich, dass meine numerische Rechnung instabil ist und die Pulsation künstlich erzeugt?

Sundberg beschreibt, dass es eine Reihe von Testmethoden gibt, die Astrophysiker anwenden, um numerische Probleme auszuschließen. Wenn ein bestimmtes Muster in den Output-Daten auftaucht, beispielsweise eine Pulsation, dann lässt man das Modell in leicht modifizierter Form laufen, sodass sich die zugrunde liegende Physik nicht ändert, sondern nur die Art der Berechnung im Computer. Ein numerisch verursachter Effekt würde dann in den meisten Fällen verschwinden. Das Vorgehen entspricht genau dem Vorgehen eines Experimentators, der sein Experiment auf Störeinflüsse überprüft, wie wir im Kapitel über Unterdeterminiertheit gesehen haben. Wenn man einen bestimmten Einfluss verändert, der nichts mit dem untersuchten Phänomen, sondern nur mit dem experimentellen Setup zu tun hat, dann sollte sich an dem experimentellen Ergebnis nichts ändern, sofern es wirklich nur vom Phänomen abhängt. Im Fall der Computermodelle kann man beispielsweise die räumliche Auflösung ändern, die eingehenden Input-Parameter oder auch die räumliche Dimension des Problems.

Mit diesem Verfahren kann man numerische Probleme aufdecken, aber es folgt andersherum nicht unbedingt, dass das Ergebnis wirklich zuverlässig ist, denn vielleicht hat man einfach nur die falschen Störeinflüsse getestet. Für weitergehende Tests unterscheidet Sundberg zwei verschiedene Arten von Modellen: idealisierte und realistische. Der Hauptunterschied ist, dass idealisierte Modelle so stark vereinfacht sind, dass sie zwar ein Verständnis der ablaufenden Prozesse ermöglichen, man aber nicht den Anspruch hat, wirkliche Beobachtungen zu reproduzieren. Eine solche Reproduktion ist dagegen Ziel der realistischen Modelle, die viele physikalische Details und Input enthalten, der aus Beobachtungen selbst abgeleitet ist.

Idealisierte Modelle sind einfach genug, um sie tatsächlich im Vergleich mit klassisch berechneten Lösungen der Grundgleichungen zu testen. Von diesen Grundgleichungen ausgehend, kann man dann weitergehend zu verstehen versuchen, was im Modell vor sich geht, um schließlich im Rückgriff auf die implementierte Modellstruktur zu erklären, warum der Output so aussieht, wie er aussieht: Der Stern beginnt zu pulsieren, weil eine Aufheizung mittelfristig zu einer Abkühlung führt, die dann wieder in eine Aufheizung mündet. Wenn es eine solche physikalische Erklärung gibt, ist dies Grund genug, dem Modell zu glauben. Von realistischen Modellen wird dagegen erwartet, dass sie dem Vergleich mit astronomischen Beobachtungen standhalten. Wenn das Modell etwas ausspuckt, was so aussieht wie das kosmische Phänomen, dann ist das laut Sundberg für die Astrophysiker Grund genug, dem Modell zu vertrauen. Allerdings ergibt sich dabei das Problem, dass es durchaus sein kann, dass ein Modell zwar Ergebnisse produziert, die den kosmischen Beobachtungen entsprechen, dies aber aus anderen Gründen tut als das Phänomen im Universum.

Ein Beispiel für einen solchen Fall gibt es in der Modellierung von Stoßwellen. Wir hatten gesehen, dass Stoßwellen zu einer plötzlichen und unerwarteten Veränderung des Mediums führen. Das geschockte Gas wird plötzlich heiß und verdichtet. Plötzliche Prozesse sind numerisch immer ein Problem, weil sie sich auf einer viel kürzeren Zeitskala abspielen als alle ansonsten relevanten physikalischen Prozesse. Wenn man den Computer die »echten« physikalischen Gleichungen lösen lassen würde, würde sich der Algorithmus in einer Stoßwelle »festrechnen« und mit der Berechnung nicht mehr vorankommen. Daher braucht man einen numerischen Trick: Man erzeugt den plötzlichen Übergang künstlich und lässt den Computer erst danach wieder die echten physikalischen Gleichungen lösen. Die Stoßwelle sieht hinterher genau so aus, wie man sie haben wollte. Allerdings wurde ihr zentraler Teil nicht durch erste, physikalische Prinzipien erzeugt, sondern künstlich »nachgebaut«. Bei diesem Beispiel ist das kein Problem, weil man die zugrunde liegende Physik sehr gut versteht. Es zeigt allerdings, dass man durchaus »das Richtige« aus den »falschen Gründen«

erzeugen kann. Nur weil ein Modell richtig aussehende Ergebnisse liefert, muss sein Innenleben nicht dem entsprechen, was wirklich in der Welt vor sich geht. Beim Test einer realistischen Simulation ist es wichtig, diese Möglichkeit immer im Kopf zu haben.

DIE KUNST DER MODELLIERUNG

Wenn man ein astrophysikalisches Modell dafür nutzen will, aus astronomischen Beobachtungen auf die dahinter liegenden physikalischen Prozesse zu schließen, sieht man mit Sundberg folgendes Problem: Einfache Modelle sind gut dafür geeignet, ein physikalisches Verständnis zu entwickeln, aber sind zu wenig komplex, um Ergebnisse zu produzieren, die den realen Beobachtungen ähneln. Komplexe Modelle sind dagegen schwer zu durchschauen, können dafür aber realistisch wirkende Resultate produzieren, die so aussehen wie echte Beobachtungen. In experimentellen Disziplinen hätte man immerhin die Möglichkeit, im Labor die Komplexität des Ursprungssystems so zu reduzieren, dass man auch einfachere Modelle mit empirischen Daten vergleichen kann. In dieser Hinsicht hat Hacking recht, dass die Astrophysik sich in einer misslichen Lage befindet: Modelle können schlecht anhand von parallelen Experimenten zwischen Modell und realem System geprüft werden. Dieses Problem hat die Astrophysik allerdings nicht alleine, es betrifft beispielsweise auch die Klimaforschung.

Heißt das aber, dass die Nutzung von Modellen in der Astrophysik schwieriger ist als in experimentellen Disziplinen? Hier mögen nach wie vor die Meinungen auseinandergehen, aber ich persönlich denke, es heißt erst einmal nur, dass es besonders wichtig ist, auch bei komplexen Simulationen großen Wert auf ein solides Verständnis des Modells zu legen. Dieses Verständnis wird oft dadurch entwickelt, dass erst einmal mit einfacheren Modellen »herumgespielt« wird, um ein Gefühl für die Relevanz und die Funktionsweise der eingehenden physikalischen Prozesse zu bekommen. Modellierer entwickeln so eine erstaunlich zuverlässige Wahrnehmung für die zu erwartende Genauigkeit ihres Modells. Um noch einmal die Backanalogie zu verwenden: Ein guter Bäcker weiß irgendwann einfach, welche Zutaten er wie zu kombinieren hat, damit genau der Kuchen zuverlässig aus dem Ofen kommt, den er vorher im Kopf hatte. Warum er genau diese bestimmte Menge von dieser oder jener Zutat in den Teig rührt, kann er wahrscheinlich gar nicht unbedingt begründen (oft wiegt er die Zutaten nicht einmal ab), aber er weiß, dass er sich auf diese Fähigkeit verlassen kann.

Das Schwierige in der Beurteilung von Modellen ist, dass sie in gewisser Weise gleichzeitig falsch und richtig sind. Sie sind falsch in dem Sinne, dass sie Vereinfachungen, Idealisierungen und Näherungen beinhalten, dass sie viele Eigenschaften des repräsentierten Systems einfach weglassen und andere anders darstellen, als sie wirklich sind. Sie sind gleichzeitig richtig in dem Sinne, dass wir aus ihnen etwas über reale Phänomene in der Welt lernen können. Dieses Lernen erfordert aber reichlich Erfahrung und Wissen aufseiten der Wissenschaftler. Wissen einerseits in Bezug auf das reale System in dem Sinne, dass man eine Vorstellung davon hat, welche Prozesse relevant sind und welche nicht. Wissen andererseits in Bezug auf das Modell in dem Sinne, dass man dessen Verhalten, die eingehende Mathematik und sein numerisches Verhalten gut kennt. Modelle sind deshalb so wertvoll, weil sie uns durch Vereinfachungen ermöglichen, Phänomene zu verstehen, die ansonsten zu komplex wären. Notwendigerweise stellen sie jedoch eine *unvollständige* Repräsentation des Ursprungsphänomens dar. Die Kunst der Modellierung besteht darin, einschätzen zu können, welche Konsequenzen diese Unvollständigkeit hat und wie groß die

WIR SIND GEZÜCHTET WORDEN, WEIL DIE LANDWIRTSCHAFTLICHEN MODELLE BESSER FÜR SPHÄRISCHE KÜHE FUNKTIONIEREN.

Ungenauigkeiten sind, mit denen die Vorhersagen eines Modells aufgrund der Vereinfachungen behaftet sind. Das ist in der Astrophysik nicht anders als in anderen wissenschaftlichen Disziplinen. Wissenschaftler verwenden tatsächlich viel Zeit auf diese Einschätzung. Ich habe mit Kollegen oft monatelang darüber diskutiert, ob ein genutztes Modell tatsächlich zuverlässig ist, und wie man seine Verlässlichkeit in immer neuen Tests auf die Probe stellen kann, bevor wir die Ergebnisse veröffentlicht haben. Wichtig ist nur, dass der Wissenschaftsbetrieb diese Tätigkeit auch honoriert, denn Gründlichkeit schlägt sich nicht unbedingt in einer hohen Zahl von Veröffentlichungen nieder.

ZWISCHEN MODELL UND EXPERIMENT

Es ist schon einige Male vorgekommen, dass ich auf einer Konferenz in einem Vortrag saß und meine Gedanken abzuschweifen begannen, ich dann aber plötzlich durch eine unerwartete Formulierung des Sprechers aufgeschreckt wurde von der Art: »Als Nächstes haben wir unser Experiment mit einer anderen Anfangsverteilung laufen lassen, um zu sehen, welche Galaxien mit diesen Anfangsbedingungen entstehen.« Ein Experiment, das Galaxien hervorbringt? Wow, wie cool, ernsthaft? Im schläfrigen Zustand dessen, der schon drei Vorträge hinter sich hat, erscheinen gleich Bilder von Galaxien vor meinem inneren Auge, die durch Labore schweben. Natürlich ist so eine Aussage nie wörtlich gemeint, sondern die Kollegen haben einfach eine Simulation mit anderen Anfangsbedingungen gestartet, um zu sehen, was dabei herauskommt.

Dass Simulationen als Experimente bezeichnet werden, ist gar nicht so selten. Wir hatten ja bereits gesehen, dass die Testmethoden, die angewendet wurden, um die Zuverlässigkeit einer Simulation zu prüfen, große Ähnlichkeit mit den Methoden haben, die man anwendet, wenn man einen experimentellen Aufbau prüft. Aber irgendwie ist es trotzdem merkwürdig, eine Simulation als Experiment zu bezeichnen, oder etwa nicht? Der erste offensichtliche Unterschied: dass man in Experimenten misst, wie die reale Welt sich verhält, während man in Simulationen »misst«, wie sich die simulierte Welt verhält. So einfach ist die Sache aber nicht, denn hier könnte man einwenden, dass man im Experiment eben nicht die reale Welt misst, sondern nur das, was von der Welt unter künstlich erzeugten Laborbedingungen übrig bleibt. Wie viel das noch mit der echten Welt gemeinsam hat, bleibt genauso zu klären wie die Frage, wie viel Gemeinsamkeiten die simulierte Welt mit der realen hat. Auch im Laborexperiment wird schließlich Komplexität reduziert und werden idealisierte Bedingungen studiert. Warum sollten die Laborergebnisse genauso auch in den verworrenen, realistischen Verhältnissen außerhalb des Labors gelten?

Experimentelle und modellierende Tätigkeit scheinen sich sogar erstaunlich ähnlich zu sein: In beiden Fällen wird ein physikalisches System manipuliert (ein experimenteller Aufbau oder ein Computer), das stellvertretend für eine Klasse von Phänomenen in der Welt steht. Trotzdem ist die Intuition stark, dass die Beziehung zwischen dem manipulierten System und dem Phänomen in der Welt im Fall des Experiments enger ist als im Fall einer Simulation. Aber ist diese Intuition gerechtfertigt? Ein Argument dafür könnte sein, dass es im Experiment eine tief gehende, materielle Ähnlichkeit zwischen dem Ursprungssystem und dem Experiment gibt – beide sind aus demselben Stoff –, während diese Ähnlichkeit in einer Simulation nur strukturell, also nur in Bezug auf die Form der ablaufenden Prozesse besteht. Daher kann man in einem Experiment Wissen im Prinzip ohne viel Vorwissen erlangen, während man für die Entwicklung einer Simulation immer schon ziemlich viel über das Phänomen verstanden haben muss.

Der Philosoph Eric Winsberg macht den Unterschied zwischen Simulationen und Experimenten daran fest, dass die Experimentatoren anders für die Gültigkeit ihrer jeweiligen Studie argumentieren. Bei Simulationen steht immer die Frage im Vordergrund, ob das Computermodell eine angemessene Repräsentation des realen Phänomens ist. Bei Experimentatoren hingegen liegt der Fokus gerade nicht darauf, zu belegen, dass die im Labor studierte Probe wirklich repräsentativ für das Phänomen in der Welt ist. Ihnen geht es vielmehr darum, zu zeigen, dass im Labor alle möglichen Störfaktoren korrekt kontrolliert wurden. In jedem Fall ist es interessant, wie schwer sich Wissenschaftsphilosophen damit tun, eine wasserdichte Abgrenzung zwischen Simulationen und Experimenten zu erzeugen, die wirklich in allen denkbaren Fällen gültig bleibt (ein typisches Philosophenproblem). Sehr vereinfacht kann man vielleicht zusammenfassen: Probleme in Bezug auf die Verlässlichkeit ihrer Studien haben beide, Modellierer wie auch Experimentatoren. Beide haben gute Strategien entwickelt, um mit diesen Problemen umzugehen. Hacking hat das für den Fall der Experimente im Detail erforscht. Man kann es vielleicht als Etappensieg für die Rehabilitierung der Astrophysik sehen, ihm hiermit sagen zu können: In der Modellierung läuft es gar nicht so anders. Und insofern ist die Astrophysik nicht automatisch unzuverlässig, nur weil ihre Forschung zentral auf Modellen beruht.

Interessanterweise passiert es aber nicht nur in Bezug auf Simulationen, dass Astrophysiker manchmal behaupten, sie würden Experimente durchführen. Auch bei beobachtenden Astrophysikern kann man diese Redewendung regelmäßig hören. Das klingt dann zum Beispiel so: »Wir haben für unsere Studie das kosmische Labor genutzt, um das Verhalten junger Sterne zu verstehen.« Teilchenphysiker mögen sich in engen Beschleunigerringen herumdrücken, unser Labor, in dem wir Experimente durchführen, ist das Universum selbst. Das klingt schon schick. Aber wirft natürlich die Frage auf: Was soll diese Redewendung eigentlich bedeuten? War Hackings Aufregung letztendlich umsonst, und die Astrophysik ist im Kern doch eine experimentelle Wissenschaft? Nur halt mit einem Labor, das ein bisschen größer ist als normal?

∘∘∘

Mein Vater hakt nach: »Wenn man Modelle mit Computern berechnet, dann kann man die Modelle also beliebig kompliziert machen? In etwa so, wie wenn ich ein Modell nicht mehr mit Ton schematisch grob baue, sondern im 3-D-Drucker vollkommen realistisch nachbilde?«

»Im Prinzip schon, aber auch Computer haben ja ihre Grenzen und sind nicht unendlich leistungsfähig. Vereinfachen muss man deshalb auch, wenn man Modelle auf dem Computer berechnen lässt.«

»Aber ja zumindest sehr viel weniger.«

»Ja, aber trotzdem meistens noch so stark, dass die Frage bleibt, wie gut das Modell das Phänomen beschreibt. Vor allem ›sieht‹ man ja auch nicht, was der Computer genau berechnet. Von daher können Computermodelle auch gefährlich sein.«

»Inwiefern?«

»Na, wenn man selbst etwas mit Stift und Papier berechnet, dann weiß man, was man gemacht hat und welche Annahmen man getätigt hat. Man weiß sozusagen genau, wie falsch das Modell ist und an welchen Stellen. Bei einem Computerprogramm ist das weniger offensichtlich.«

»Ja, das kann ich mir vorstellen, wenn ein Computer etwas berechnet, dann wirkt das automatisch erst mal sehr solide.«

»Solide ist es ja auch. Aber es ist halt trotzdem noch ein Modell, mit all seinen Vereinfachungen und Grenzen. Und deshalb muss man auch bei Computermodellen immer schauen, ob man ihnen vertrauen sollte und was man wirklich aus ihnen lernen kann.«

»Aber wir waren ja eigentlich bei den Schwarzen Löchern gestartet und der Frage nach ihrer Entwicklung.«

»Ja, das stimmt. Also angenommen, ich habe ein Computermodell, das ein ›leichtes‹, stellares Schwarzes Loch simuliert, das immer mehr Materie schluckt. Wenn ich die Simulation lang genug laufen lasse, dann stelle ich fest, dass mein stellares Schwarzes Loch zu einem mittelschweren Schwarzen Loch geworden ist und seine Umgebung in besonderer Art und Weise beeinflusst. Wenn ich genau das, wo meine Simulation am Ende ankommt, tatsächlich irgendwo in der Milchstraße beobachte, dann hat mir die Simulation ein mögliches Entwicklungsszenario geliefert. Meine Simulation zeigt mir, dass es tatsächlich möglich ist, von einem stellaren Schwarzen Loch zu einem mittelschweren zu kommen.«

»Und das heißt dann, dass es auch so ist?«

»Nein, es heißt nur, dass es so sein könnte. Es ist eine mögliche Geschichte. Ob das wirklich stimmt, muss man dann testen. Indem man schaut, was die Simulation sonst noch vorhersagt und wie die verfügbaren Beobachtungen im Vergleich dazu aussehen. Und dann muss man natürlich auch das Modell ganz genau testen und sicherstellen, dass die eingehenden Vereinfachungen nicht so gravierend sind, dass das ganze Modell wertlos ist.«

»Klingt mir nach einer ziemlich unsicheren Geschichte.«

»Das ist so ähnlich wie bei der Datenanalyse. Unsicherheiten und Fehlerquellen gibt es überall in der Wissenschaft. Was einen guten Wissenschaftler ausmacht, ist, dass man mit diesen Unsicherheiten umgehen kann und einzuschätzen lernt, was jeweils die Grenzen der Modelle und der Daten sind: Was kann man wirklich behaupten und was ist schon mit zu großen Fehlern behaftet? Und dann gibt es ja auch noch das kosmische Labor.«

10

DAS KOSMISCHE LABOR

Mein Professor in Paris, der zusammen mit seinem britischen Kollegen Mitte der 1980er-Jahre das Schockmodell entwickelt hatte, pflegt gerne zu sagen: »Was interessiert mich diese eine Stoßwelle in der Region XYZ? Was habe ich davon, zu wissen, welche Geschwindigkeit sie hat und welche Dichte in der umgebenden Molekülwolke herrscht? Ich will verstehen, wie Stoßwellen im Allgemeinen funktionieren!« Bisher haben wir uns vor allem mit der Sherlock-Holmes-Methode beschäftigt und mit der Aufgabe, bestimmte Beobachtungen durch eine kausale Geschichte zu erklären: Was ist in dieser Region vorgefallen, dass wir heute genau das beobachten, was wir beobachten? Um diese Frage zu beantworten, sammelt ein Astrophysiker einerseits Beobachtungsdaten und entwickelt andererseits Modelle, die diese Beobachtungsdaten anhand eines hypothetischen, physikalischen Szenarios erklären können. Wenn man in dieser Weise vorgeht, ist die Astrophysik der Archäologie oder der Paläontologie ähnlich: Sie beschäftigt sich mit dem Verstehen von Einzelereignissen.

Die Astrophysik ist aber offensichtlich noch mehr als das, denn sie interessiert sich natürlich auch für allgemeine Zusammenhänge im Universum. Wie funktionieren Stoßwellen ganz grundsätzlich? Wie entwickelt sich ein typischer Stern? Wie entstehen Galaxien? Was passiert bei Supernovaexplosionen? Bei diesen Fragen geht es nicht primär um die Erklärung von Einzelbeobachtungen, die immer auch durch die jeweils herrschenden Umgebungsbedingungen beeinflusst sind, sondern um die Beschreibung allgemeiner, repräsentativer Vertreter einer bestimmten Klasse von Objekten. Wenn wir uns noch einmal an das Stadionbeispiel erinnern, geht es darum, aus der Beobachtung all der individuellen Stadionbesucher den typischen Lebensweg eines Menschen abzuleiten (und nicht zu erklären, warum dieser eine, individuelle Mensch genau so geworden ist, wie er ist). Kernproblem ist dabei, zu unterscheiden, welche Eigenschaften Umgebungseinflüssen zu verdanken sind und welche wirklich das untersuchte Phänomen ausmachen. Sind Dicke und Dünne verschiedene Arten von Menschen, oder sehen sie einfach verschieden aus, weil ihr Umfeld (das »Nahrungsangebot«) verschieden ist? Können sich dicke in dünne Menschen verwandeln? Können sich Frauen in Männer verwandeln?

Wir sind diesen Fragen schon begegnet, als es um Klassifikationen ging. Wenn der Alien im Stadion noch kein weitergehendes Verständnis besitzt und einfach nur die Beobachtungsdaten nach ihrer Erscheinung ordnet, würde er dicke und dünne Menschen vielleicht als zwei verschiedene Klassen definieren. Um herauszufinden, ob er damit richtigliegt, würde er aber früher oder später eine Theorie der menschlichen Entwicklung aufstellen und prüfen, ob er mit dieser Theorie sämtliche im Stadion beobachtete Vielfalt auf einfache Weise rekonstruieren kann. Genau dies machen die Astrophysiker auch, wenn sie sich allgemeine Theorien für die Natur kosmischer Phänomene ausdenken. Dafür brauchen sie aber mehr als nur die Sherlock-Holmes-Methode. Sie müssen das kosmische Objekt, das sie verstehen wollen, in vielen verschiedenen Zuständen und Umgebungen beobachten und dann mithilfe von Statistik versuchen, allgemeingültige Aussagen abzuleiten, die unabhängig sind von zufälligen Einzelschicksalen. Aber kann man dieses Vorgehen tatsächlich als Experimentieren im kosmischen Labor bezeichnen?

EXPERIMENTIEREN IM WELTALL

Was Experimente sind und wie sie funktionieren, hatten wir ja bereits am Anfang des Buches gesehen, als wir beobachtende mit experimentellen Wissenschaften verglichen haben. Oft sucht man nach einem Zusammenhang der Form »A verursacht B«: Das Anlegen eines Magnetfelds ändert die Flugrichtung der Elektronen, die Kollision von Zwerggalaxien erzeugt eine größere Galaxie, Schokolade hilft gegen Depression. Die einfachste Strategie, um solche Aussagen zu prüfen, ist ein Experiment. Man erzeugt die Ausgangskonstellation A und schaut, ob wirklich B folgt. Das Problem dabei ist, wie wir schon gesehen haben, dass es immer Störfaktoren geben kann, also Effekte, die zusammen mit A auftreten und die eigentlichen Gründe für B sind, so wie das lockere Kabel bei den überlichtschnellen Neutrinos oder der langweilige Gesprächsstil der Philosophin in unserem Mensaexperiment. In einem Experiment versucht man, solche Störfaktoren zu kontrollieren, indem man möglichst viele Umgebungsvariablen aufzeichnet und ihren Einfluss prüft. Ändert sich das Verhalten des Experiments, wenn es draußen zehn Grad wärmer wird? Oder wenn ein Flugzeug über das Labor fliegt? Wenn sich am Experiment selbst nichts ändert und man einfach nur das Magnetfeld ein- und ausschaltet und sich daraufhin die Flugrichtung der Elektronen ändert, dann scheint es tatsächlich das Magnetfeld zu sein, das die Elektronen um die Kurve lenkt. Das ist der große Vorteil von Experimenten: Man kann die wirkliche Ursache eines Effekts dadurch bestimmen, dass man alle anderen (oder zumindest die wahrscheinlichsten) potenziellen Ursachen aktiv ausschließt.

In Laboren ist die Kontrolle von Umgebungseinflüssen relativ einfach. Schon schwieriger ist der Umgang mit Störfaktoren in Experimenten der Medizin oder in den Sozialwissenschaften. Wir kennen das alle: Hat das Medikament nun wirklich geholfen oder wäre es so oder so besser geworden? Hätte man eine gewisse Krankheit durch bestimmtes Verhalten verhindern können? Meine Mutter behauptet zum Beispiel, dass ich deshalb so schlechte Augen habe, weil ich als Kind immer lieber lesend im Haus saß, als draußen zu spielen. Die Behauptung hat eine gewisse Plausibilität, aber wirklich sicher könnte man nur sein, wenn ich eine körperlich identische Zwillingsschwester hätte, die Bücher scheuend jede freie Minute ihrer Kindheit unter freiem Himmel verbracht hätte und heute mit Adleraugen durch die Welt schreiten würde. Da ich keine solche Zwillingsschwester habe, kann ich nichts über den Einfluss meiner kindlichen Lesegewohnheiten auf meine heutige Sehschwäche sagen. Die Behauptung meiner Mutter entspringt allerdings nicht einfach einem Bauchgefühl, sondern entstammt einer Studie, die sie irgendwo gelesen hat.

Wie gehen also Studien mit dem Mangel an körperlich identischen Zwillingspaaren um? In einer realen Lebenssituation kann man nicht alle Einflüsse, die zusätzlich zum erforschten Phänomen wirksam sind, kontrollieren und damit ausschließen, dass sie im beobachteten Effekt eine Rolle spielen. Was man in solchen Fällen macht, ist, statistisch randomisierte Gruppen zusammenzustellen: Gruppen, die in Hinsicht auf die für die Studie nicht relevanten Parameter zufällig ausgewählt sind, also beispielsweise Kinder aus unterschiedlichen sozialen Schichten, mit und ohne fehlsichtige Eltern, mit verschiedenen Ernährungsweisen und so weiter. Selbst wenn einer oder mehrere dieser »Störfaktoren« einen Einfluss auf das untersuchte Phänomen der Ausbildung von Fehlsichtigkeit hätten, würde sich dieser Einfluss im Hinblick auf die gesamte Gruppe der untersuchten Kinder aufheben, sofern die Gruppen nur groß genug sind. Wenn man nun eine Kontrollgruppe, die relativ viel draußen spielt, mit der Testgruppe von Leseratten vergleicht und sich tatsächlich ein deutlicher Unterschied hinsichtlich des späteren

Bedarfs einer Brille ergibt, scheint dies wirklich an der kindlichen Lesewut und nicht an irgendwelchen anderen Faktoren gelegen zu haben. Denn der Effekt hat sich eingestellt, obwohl manche Kinder kurzsichtige Eltern haben und andere nicht, obwohl manche vielleicht eine gute Ernährung genossen und andere nicht. Diese Faktoren scheinen daher keine entscheidende Rolle zu spielen für die Hypothese.

Randomisierte Studien bieten also im Prinzip einen perfekten Experimentersatz. Alles, worauf es ankommt, ist nur, dass die Gruppe untersuchter Individuen in Bezug auf die nicht untersuchten Eigenschaften eine zufällige Verteilung aufweist. Solang das der Fall ist, können diese Eigenschaften nicht zu Störfaktoren für die Studie werden. Das Problem ist allerdings die Randomisierung selbst. Wie kann man sicherstellen, dass die untersuchten Gruppen tatsächlich eine Zufallsverteilung zeigen und nicht doch irgendein Bias, ein Verzerrungseffekt, vorliegt, den man nicht gleich erkennt? Angenommen, man untersucht Kinder, die in einer Stadt wohnen. Vielleicht spielen automatisch diejenigen Kinder mehr draußen, die in einem Haus mit eigenem Garten groß werden. Ein Haus mit eigenem Garten werden sich vielleicht eher wohlhabendere Familien leisten, die besonders auf das Wohl ihrer Kinder achten und deshalb auch Wert auf eine besonders gute medizinische Betreuung legen, was wiederum Einfluss auf die körperliche Entwicklung des Kindes haben könnte. Um zu verstehen, was eine solche Feldstudie wirklich aussagen kann, muss man sicherstellen, dass es keinen solchen Bias gibt, und falls es ihn doch gibt, muss man aktiv zeigen, dass der Bias keine Rolle für die Studie spielt. Nur weil auf Effekt A in der Studie immer Effekt B folgt, muss B nicht aus A folgen. Zwei Effekte können korrelieren, also zusammen auftreten, ohne kausal zusammenzuhängen.

Das bekannteste Beispiel dazu: Wie der britische Physiker und Autor Robert Matthews beschreibt, ist im Vergleich zwi-

schen 17 europäischen Ländern die Zahl der Storchenpaare in der Zeit zwischen 1980 und 1990 mit der Geburtenrate korreliert, auch wenn diese Korrelation keiner Kausalbeziehung zugrunde liegt, sondern darauf zurückgeführt werden kann, dass

beide Variablen mit der Größe eines Landes zusammenhängen. Um diese Korrelation auf die Probe zu stellen, könnte man entweder die Entwicklung der Storchenpopulation in einem Land (konstante Größe) mit der Entwicklung der Geburtenrate im Laufe der Zeit vergleichen. Oder man vergleicht Gruppen von Ländern mit zufällig verteilten Größen, sodass der Einfluss der Größe eines Landes sich letztlich aufhebt. Nun kann man zwei Gruppen so wählen, dass eine Gruppe hohe Geburtsraten aufweist und die andere Gruppe niedrige, und sich ansehen, was das für die Storchpopulation bedeutet. Wenn die Storchpopulation in diesem Test nicht auch in der einen Gruppe hoch ist und in der anderen niedrig, weiß man, dass es doch keinen direkten Zusammenhang zwischen Störchen und Geburten gibt. Aber wie kann man in einem realen Feldversuch sicherstellen, dass man in den untersuchten Gruppen in Hinsicht auf potenziell störende Eigenschaften eine Zufallsverteilung hat und sich der Einfluss auf das Ergebnis tatsächlich aufhebt?

NATÜRLICHE EXPERIMENTE

Manchmal hat man das Glück, dass es Zufallsprozesse gibt, die die untersuchten Gruppen von selbst einteilen. Zum Beispiel gab es 1990 eine Studie des amerikanischen Ökonomen Joshua D. Angrist, die den Einfluss der amerikanischen Wehrpflicht auf das spätere Einkommen auf dem Arbeitsmarkt untersuchte. Dieser Einfluss ist offenbar nicht leicht zu ermitteln, denn es liegt nahe, dass schon in die Entscheidung, ob man sich zur Wehrpflicht meldet oder nicht, Faktoren eingehen, die im Zusammenhang mit dem späteren Joberfolg stehen. Zum Beispiel könnten schlechte Aussichten auf dem Arbeitsmarkt ein Grund dafür sein, sich zum Militärdienst zu melden. Dann wäre es wenig verwunderlich, wenn Veteranen im Vergleich weniger verdienten. Zwischen 1970 und 1972 gab es aber in den Vereinigten Staaten ein Lotterieverfahren, um zu ermitteln, welche der 19 oder 20 Jahre alten Männer in den Vietnamkrieg mussten. Gemäß dem jeweiligen Geburtsdatum wurden aufsteigend Zahlen vergeben, wobei der 1. Januar der 1 entsprach, der 2. Januar der 2 und so weiter. Eingezogen wurden dann alle Männer mit einer Zahl kleiner als ein bestimmter Wert.

Diese zufällige Zuteilung stellt sicher, dass die Gruppe der Wehrpflichtigen und die Gruppe der Freigestellten im Mittel statistisch gleichwertig waren: gleichermaßen intelligent, motiviert, vorgebildet, interessiert, gesund und so weiter. Der direkte Vergleich beider Gruppen ergab in der Studie von Angrist, dass die als wehrpflichtig Eingestuften letztendlich durchschnittlich 2,2 Prozent weniger verdienten als die Kontrollgruppe der nicht Einberufenen. Der Wehrdienst scheint einen leicht negativen Einfluss auf den späteren finanziellen Erfolg im Beruf zu haben. Da der Gruppeneinteilung ein Zufallsprozess zugrunde lag, muss man sich bei diesem Ergebnis keine großen Sorgen um Störeinflüsse machen: Im Mittel sollten diese Einflüsse sich automatisch aufheben. Experimente, die auf einer solchen »natürlichen«, also nicht extra für die Studie hervorgerufenen Zufallseinteilung beruhen, werden natürliche Experimente genannt. In natürlicher Weise leisten sie, was ansonsten künstlich im Experiment hervorgerufen werden muss.

Ein anderes Design natürlicher Experimente nutzt Prozesse, bei denen beispielsweise Individuen auf einer bestimmten kontinuierlichen Skala angesiedelt werden und dieses Kontinuum dann bei einem bestimmten Wert in zwei Hälften getrennt wird. Man kann davon ausgehen, dass sich die Individuen auf beiden Seiten der Grenze statistisch praktisch nicht unterscheiden. Beispielsweise könnte es sein, dass eine Schule Schülern mit einem Notendurchschnitt von besser als 1,5 eine Auszeichnung verleiht. Schüler mit der Durchschnittsnote 1,5 gehen bereits leer aus, auch wenn wahrscheinlich ziemlich zufällige Umstände dazu geführt haben, dass sie knapp unter der Notengrenze gelandet sind. Daher kann man davon ausgehen, dass sie sich in keiner ausschlaggebenden Weise von den Ausgezeichneten unterscheiden. Auf der Grundlage dieser Gruppeneinteilung könnte man die Auswirkung von Auszeichnungen auf die Entwicklung weiterer schulischer Leistungen studieren.

Ein anderes bekanntes, historisches Beispiel für ein natürliches Experiment ist die Erforschung der Cholera. Als London im 19. Jahrhundert von Cholera-Epidemien heimgesucht wurde, war die vorherrschende Theorie, dass Cholera durch »schlechte Luft« übertragen wurde. Der Anästhesiologe John Snow (nicht zu verwechseln mit dem Charakter einer populären Fantasy-Serie) glaubte dagegen, dass die Übertragung über infiziertes Wasser erfolgte. Das entscheidende Argument, mit dem John Snow die Anhänger der Schlechte-Luft-Theorie überzeugte, beruhte auf der Verteilung der von Cholera betroffenen Londoner Haushalte relativ zu deren Wasserversorger. In London gab es zu der Zeit zwei verschiedene große Wasserversorger, die Lambeth Company und die Southwark & Vauxhall Company. Ein Jahr vor dem Ausbruch der Cholera-Epidemie, 1852, hatte die Lambeth Company ihre Ansaugleitung flussaufwärts aus der Stadt herausgelegt, sodass das Wasser, anders als bei Southwark & Vauxhall, nun frei von jeglichen Abwässern Londons war.

Snow verglich nun die Zahl der Cholera-Fälle in der Gruppe von Haushalten, die von Lambeth versorgt wurden, mit der Zahl der Fälle in den Haushalten, die Kunden bei Southwark & Vauxhall waren. Dabei kam heraus, dass Letztere eine knapp zehn Mal höhere Krankheitsrate hatten. Welcher Haushalt Kunde bei welcher Firma war, hatte sich laut Snow historisch weitestgehend zufällig entschieden. Insbesondere wurde die Entscheidung typischerweise von einem Vermieter getroffen, der sich selbst außerhalb Londons befand. Es scheint in solchen Fällen unwahrscheinlich, dass Eigenschaften der das Wasser nutzenden Mieter die Entscheidung irgendwie beeinflusst haben könnten. Auch die Verlegung der Ansaugleitung hatte vermutlich noch keinen Einfluss auf die Wahl des Wasserversorgers, da sie erst kurz vor dem Ausbruch der Cholera erfolgt war. Beide Firmen lieferten Wasser in alle Teile der Stadt, ohne dass jeweils reiche oder arme Haushalte bevorzugt worden wären. Der einzige statistisch ausschlaggebende Unterschied zwischen beiden Gruppen war demnach, dass die eine mit kontaminiertem Wasser versorgt wurde und die andere nicht. Die deutlich höhere Zahl der Krankheitsfälle in den von Southwark & Vauxhall versorgten Haushalten musste daher etwas mit der Wasserversorgung zu tun haben.

An diesem Beispiel sieht man schön, wie natürliche Experimente funktionieren. Wenn man einen Unterschied zwischen den beiden natürlich randomisierten Gruppen sieht, hat man es mit der Interpretation ziemlich einfach. Die zufällige Einteilung der Gruppen stellt sicher, dass eine große Zahl potenzieller

Störeinflüsse natürlicherweise ausgeschaltet wird und man sich damit nicht mehr befassen muss. Die Arbeit steckt darin, sicherzustellen, dass die Einteilung auch wirklich eine randomisierte Eigenschaftsverteilung erzeugt hat. John Snow musste sicherstellen, dass es wirklich keine Faktoren gab, die systematisch die Wahl des Wasserversorgers beeinflusst hatten, wie beispielsweise unterschiedliche Preise, die einer der beiden Firmen vermutlich einen Überschuss an armen Haushalten eingebracht hätte. Sofern das gelingt, sind natürliche Experimente ein Glücksfall, der ein hohes Maß an Sicherheit für die abgeleiteten Ergebnisse ermöglicht. Das Problem ist: Es gibt keine Möglichkeit, natürliche Experimente gezielt zu erzeugen oder auch schon gezielt danach zu suchen. Zufallsprozesse können sehr unterschiedlich aussehen. Man muss Glück haben, sie zu finden.

NATÜRLICHE EXPERIMENTE IM UNIVERSUM

Wenn es solche natürlichen Experimente im Weltall gibt, hätte man tatsächlich gute Gründe dafür, unser Universum als kosmisches Labor zu bezeichnen. Aber gibt es natürliche Experimente im Kosmos? Eine Eigenschaft der Astrophysik, die tatsächlich an Experimente erinnern mag, ist, dass man immer weiter in die Vergangenheit blickt, je tiefer man in den Kosmos schaut, da das Licht immer länger braucht, bis es uns erreicht. Wir können daher dasselbe Universum mit all seinen Phänomenen zu jedem beliebigen Zeitpunkt untersuchen, seit das Universum 380 000 Jahre nach dem Urknall durchsichtig für Photonen geworden ist. Im Prinzip könnte man also die Entwicklung von Galaxienhaufen, Galaxien und Sternen »live« mitverfolgen, auch wenn sich diese Entwicklung über einen Zeitraum von mehreren Milliarden Jahren erstreckt. Das Problem dabei ist allerdings, dass sich in dieser Zeit nicht nur die kosmischen Phänomene entwickelt haben, sondern auch das Universum selbst. Seit dem Urknall dehnt sich das Universum immer weiter aus und wird dabei immer kälter. Strahlung, die von vergangenen Ereignissen ausgesandt wurde, beeinflusst die Entwicklung anderer Phänomene. Wieder einmal treffen wir auf das Problem, die natürliche Entwicklung bestimmter kosmischer Phänomene von den Einflüssen zu unterscheiden, die ihre zufälligen Umgebungsbedingungen auf sie ausüben – so wie es für den Alien unklar war, ob dicke und dünne Menschen verschiedene Arten sind oder sich wegen unterschiedlicher Ernährungsweisen unterscheiden, die sie im Prinzip ändern könnten. Ein natürliches Experiment, so wie es John Snow in London vorgefunden hat und das einfach unter Vernachlässigung des Einflusses von Störfaktoren analysiert werden kann, ist die Entwicklung des Kosmos jedenfalls nicht.

Vielleicht gibt es ja noch andere Prozesse, die natürliche Experimente im Universum erzeugen, indem auf natürliche Weise eine Testgruppe und eine Kontrollgruppe von Phänomenen sich nur durch einen einzigen Parameter unterscheiden und eine statistische Zufallsverteilung in Bezug auf die übrigen Eigenschaften aufweisen. Zum Beispiel zwei Gruppen von Molekülwolken, von denen eine Gruppe einem starken Magnetfeld ausgesetzt ist und die andere nicht, während ansonsten die Umgebungsbedingungen quasi gleich sind. Ausschließen kann ich die Existenz solcher natürlicher Experimente nicht, auch wenn mir eine solche Studie noch nicht begegnet ist. Der kritische Punkt steckt aber in den »ansonsten quasi gleichen Umgebungsbedingungen«. Wenn man einschätzen will, ob diese Annahme gerechtfertigt ist, hat man auch hier wieder mit dem grundsätzlichen Problem der Astrophysik zu kämpfen, das schon so häufig zur Sprache kam: Es gibt einen allgemeinen Mangel an Hintergrundinformationen. Um einschätzen zu können, wie repräsentativ die studierte Gruppe von Phänomenen wirklich ist, muss ich bereits sehr viel über diese Gruppe wissen. So wie John Snow in London Informationen darüber brauchte, auf welcher Grundlage Haushalte sich für die eine oder andere Wasserversorgungsfirma entschieden hatten, braucht man auch in der Astrophysik ein sehr genaues Wissen über die Eigenschaften der untersuchten Phänomengruppen, um deren statistisches Verhalten verstehen zu können. Dieses detaillierte Wissen fehlt normalerweise.

Dazu kommt ein weiteres Problem, das typisch für die Astronomie ist. Wenn man Beobachtungen verschiedener Objekte miteinander vergleichen will, dann haben die Beobachtungen selten die gleiche Qualität. Je weiter entfernt das Beobachtungsobjekt liegt und je jünger es entsprechend ist, desto unschärfer und desto lichtschwächer sind die Beobachtungen, sofern man dasselbe Teleskop benutzt. Um Beobachtungen eines entfernten Objektes mit denen eines nahen direkt vergleichen zu können, müsste man diesen Effekt ausgleichen, indem man mit verschieden großen Teleskopen beobachtet. Einen solchen Ausgleich kann man nicht immer durchführen. Diese Situation führt damit zu Auswahleffekten: In weiter Entfernung sieht man nur noch die hellsten Objekte, dunklere bleiben unter Umständen unentdeckt. Wenn man dieses Abstandsproblem dadurch umgehen will, dass man eine Gruppe von Objekten studiert, die sich in derselben Region befinden und von denen man daher Beobachtungen gleicher Qualität erlangen kann, stellt sich die Frage, wie repräsentativ diese Objekte für ihre Art sind: Haben sich die Objekte in ihrer spezifischen Umgebung vielleicht ganz anders entwickelt als andere Vertreter ihrer Art, die sich an anderen Stellen des Universums befinden?

All diese Faktoren führen dazu, dass man in der Astrophysik trotz der verbreiteten Redeweise vom »kosmischen Labor« kaum etwas von »natürlichen Experimenten« hört, wie sie in den Sozialwissenschaften Verwendung finden. Stattdessen ist die Redeweise so gemeint, dass es im Universum eine ungeheure Vielfalt verschiedener Objekte und Phänomene in vielen verschiedenen Umgebungen gibt. Was auch immer man sich vorstellen kann – Sternenbabys im Inneren von Molekülwolken, am Rand von Molekülwolken, in der Nähe eines anderen Sternenbabys, nahe eines Schwarzen Lochs und so weiter –, wird es wohl irgendwo im Universum geben, ohne dass man es selbst »experimentell« herstellen müsste. Man muss nur danach suchen. Das heißt aber nicht, dass man deshalb auch die experimentelle Methode anwenden kann, gemäß der man gezielt den Einfluss einzelner Faktoren bei ansonsten gleichbleibendem Experimentaufbau prüfen kann. Was für Probleme dadurch entstehen können, zeigt ein Beispiel aus dem Bereich der Sternentwicklung.

EIN STERNHAUFEN ALS LABOR

Ein konkretes Beispiel eines »kosmischen Labors« sind Sternhaufen. Wie der Name schon sagt, sind Sternhaufen Ansammlungen von Sternen. Es gibt Kugelsternhaufen von mehreren Tausend alten Sternen, die durch die Gravitationskraft aneinandergebunden sind und sich im Halo, dem kugelförmigen Umfeld von Galaxien befinden. Daneben gibt es offene Sternhaufen, die aus einigen Zehn bis zu einigen Tausend jüngeren Sternen bestehen, die sich vor nicht allzu langer Zeit in den Spiralarmen von Galaxien gebildet haben. Bei beiden Gruppen geht man davon aus, dass alle ihre Mitglieder gemeinsam entstanden sind, also in etwa gleich alt und aus dem gleichen Material hervorgegangen sind. Das ist für das Studium der Entwicklung von Sternen natürlich eine großartige Eigenschaft, denn die Unterschiede, die man zwischen den Mitgliedern des Haufens beobachtet, können daher schon einmal nicht auf unterschiedliches

Alter oder eine unterschiedliche chemische Zusammensetzung zurückgeführt werden, sondern nur auf ihre unterschiedliche Masse. Wenn man einen Sternhaufen beobachtet, ist es also tatsächlich fast so, als würde man ein Experiment machen, bei dem man alles konstant hält und nur die Masse des Sterns ändert. Man kann sogar das Alter des Haufens bestimmen, indem man schaut, welche Sterne bereits ihren Vorrat an Wasserstoff verbrannt haben und daraufhin zu Riesensternen geworden sind. Dies geschieht umso früher, je massereicher ein Stern ist, sodass man die Existenz der massereichsten Sterne, die noch keine Riesen geworden sind, als eine Art Uhr nutzen kann. Unsere Sonne, ein eher leichter Stern, wird beispielsweise im Alter von etwa zwölf Milliarden Jahren zum Roten Riesen werden und daraufhin ihre Erscheinung drastisch verändern. Aus der Beobachtung eines Sternhaufens kann man daher lernen, wie Sterne mit einer bestimmten Masse in einem bestimmten Alter aussehen. Das muss man dann nur noch mit Modellen reproduzieren, und dann kann man im Grunde davon ausgehen, dass man die Entstehung von Sternen im Großen und Ganzen ganz gut verstanden hat.

Natürlich beruht die Methode zentral auf der Annahme, dass alle Sterne im Sternhaufen tatsächlich gemeinsam entstanden sind. In einem echten Labor hätte man aktiv dafür sorgen können, zum Beispiel indem man die Sterne selbst so hergestellt hätte, wie man sie braucht. Im Universum muss man diese Annahme erst kritisch auf die Probe stellen. Das zeigen Studien der Magellanschen Wolken, der beiden Zwerggalaxien in direkter Nachbarschaft zu unserer Milchstraße, die man mit bloßem Auge am Nachthimmel der Südhalbkugel sehen kann. Dort wurden Anzeichen gefunden, dass die Annahme eines gemeinsamen Alters nicht unbedingt stimmt: Sterne mit verschiedener Masse scheinen dort gerade zur gleichen Zeit zu Riesensternen geworden zu sein, obwohl sie dies zu unterschiedlichen Zeitpunkten tun sollten. Außerdem scheint es im selben Haufen Sterne mit leicht unterschiedlicher Chemie zu geben. War der Entstehungsprozess der Sterne einfach sehr ausgedehnt, sodass die letzten Sterne erst mehrere Hunderttausend bis vielleicht sogar eine Milliarde Jahre nach den ältesten Gruppenmitgliedern entstanden sind? Oder könnte es sein, dass der beobachtete Altersunterschied gar nicht echt ist, sondern nur eine Fehlinterpretation der Beobachtungen, durch einen Aspekt der Sternentwicklung, den wir nicht richtig verstanden haben? Oder ist es tatsächlich so, dass in Sternhaufen verschiedene Generationen von Sternen existieren können, das heißt, dass junge Sterne aus Material entstehen, das die »Asche«, die Überreste alter Vorgängersterne enthält? In dem Fall würde nicht nur die Annahme falsch sein, dass alle Sterne gleich alt sind, sondern auch die, dass alle Sterne aus dem gleichen Material entstanden sind.

Jetzt wurden ganz aktuell Beobachtungen von Sternhaufen in den Magellanschen Wolken veröffentlicht, die für letztere These zu sprechen scheinen. Was die australischen Forscher gemacht haben, ist, gezielt nach sehr jungen Sternen in den Haufen Ausschau zu halten, die nicht älter sind als 1000 Jahre. Wenn so junge Sterne in Sternhaufen existieren, die selbst einige Hunderttausend Jahre alt sind, dann muss es dort mehrere Generationen von Sternen gleichzeitig geben. Tatsächlich scheint dies in der Großen Magellanschen Wolke der Fall zu sein. Wenn dieses Ergebnis wirklich stimmt, wären Sternhaufen also doch nicht die optimalen kosmischen Labore zum Studium der Sternentwicklung, für die man sie gehalten hat. Für die Astrophysik wäre dieser Fall gewissermaßen typisch: Man sollte sich nie darauf verlassen, dass das eigene »Labor« wirklich genau die Eigenschaften hat, die man gerne hätte (und Gott sei Dank tun das die Astrophysiker normalerweise auch nicht, wie dieses Beispiel zeigt). Es gibt aber neben Laborsituationen, in denen man wie im Beispiel der Sternhaufen hofft, eine besonders einfache Vorauswahl kosmischer Objekte zu finden, noch ein anderes, mächtiges Werkzeug, das man nutzen kann, um im kosmischen Labor zu forschen. Das ist die statistische Auswertung von Beobachtungsdaten auf der Suche nach allgemeinen Gesetzmäßigkeiten.

DIE BESCHWERLICHE SUCHE
NACH BELASTBAREN ERGEBNISSEN

Wie gehen Astrophysiker also vor, um sich im kosmischen Labor statistisch zurechtzufinden? Der erste Schritt ist auch hier, ein »Sample«, eine wohlüberlegt zusammengestellte Gruppe von Forschungsobjekten, zu definieren. Meistens macht man das auf der Grundlage großer Himmelsdurchmusterungen, die schon einmal einen Überblick über die prinzipiell zur Verfügung stehenden kosmischen Objekte liefern. Angenommen, man möchte die Entstehung von Sternen studieren, dann ist der erste Schritt, sich existierende Sternenkataloge anzuschauen und aufzulisten, welche jungen Sterne in verschiedenen Regionen unserer Galaxie existieren. Meistens beschränkt man sich aus oben beschriebenen Gründen auf einen bestimmten, eingeschränkten Entfernungsbereich von unserer Erde; man untersucht also beispielsweise nur Objekte, die weniger als 2000 Lichtjahre entfernt sind. Als Nächstes versucht man, Kriterien aufzustellen, die aus der großen Gruppe von aufgelisteten Sternen diejenigen heraussieben, die studiert werden sollen. Bei sehr jungen Sternen heißt das beispielsweise, dass ihr Spektrum eine bestimmte Form haben muss und sie noch relativ kalt sind. Wenn man neue Beobachtungen für die Studie plant, müssen die Quellen außerdem so gelegen sein, dass man sie mit dem entsprechenden Teleskop auch wirklich sehen kann: also am Südsternhimmel liegen für Teleskope auf der Südhalbkugel und im Norden für Teleskope auf der Nordhalbkugel. Bei der Aufstellung der Auswahlkriterien muss man natürlich prüfen, ob es Objekte geben könnte, die die Kriterien erfüllen könnten, obwohl sie nicht zur Gruppe gehören, die man studieren will.

Wenn auf diese Weise schließlich eine Liste von Objekten erstellt worden ist, müssen als Nächstes möglichst viele Informationen über die Quellen zusammengetragen werden: Entfernung, Geschwindigkeit, mit der die Quelle sich bewegt, Masse, Leuchtkraft, Form des Spektrums und so weiter. Darüber hinaus sammelt man weitere Informationen anhand neuer Beobachtungen. Jetzt kann man mit der Statistik anfangen, um eine Vorstellung davon zu bekommen, wie all diese Eigenschaften zusammenhängen. Das Einfachste, was man tun kann, ist, zu schauen, ob verschiedene Eigenschaften korreliert sind, ob also eine Messgröße A größer oder kleiner ist, wenn die Messgröße B größer oder kleiner ist: Haben junge Sterne mit einer größeren Leuchtkraft auch eine höhere Masse? Dafür trägt man für jede untersuchte Quelle diese beiden Messgrößen zusammen und vergleicht, indem man die Werte in einem Koordinatensystem gegeneinander aufträgt. Wenn Messgröße A tatsächlich linear abhängig von Messgröße B wächst, würde man eine Gerade als Resultat erwarten. Meistens ergibt dieses Vorgehen aber eine diffus wirkende Punktwolke. Das ist nicht überraschend, weil man normalerweise gar keinen einfachen, linearen Zusammenhang erwartet, sondern an diesem Punkt einfach nur wissen will, ob es überhaupt eine Beziehung zwischen beiden Eigenschaften gibt. Außerdem sind die Messwerte A natürlich mit Fehlern behaftet und werden wahrscheinlich noch durch ganz andere, quellenabhängige Faktoren beeinflusst als nur durch B. Die Leuchtkraft eines jungen Sterns mag beispielsweise zwar mit der Masse wachsen, wird aber gleichzeitig durch die umgebende Wolke und deren Absorptionseigenschaften beeinflusst. Wenn ich einen Stern in einer sehr dichten Wolke mit einem Stern in einer sehr dünnen Wolke vergleiche, dann können Unterschiede in der Leuchtkraft zwar auch durch unterschiedliche Massen verursacht sein, aber ein großer Teil des Unterschieds ist auch auf die jeweilige Umgebung zurückzuführen.

Wie kann man nun herausfinden, ob im Verhalten von zwei Messgrößen eine Korrelation versteckt ist oder nicht? Wie kann man feststellen, ob A (auch) von B abhängt oder nicht? Vereinfacht gesagt fragt man sich, wie wahrscheinlich es wäre, die gemessene Verteilung rein zufällig zu erhalten, ohne dass A und B irgendetwas miteinander zu tun haben. Je unwahrscheinlicher solch ein Zufall wäre, desto mehr kann man davon ausgehen, dass zwischen A und B tatsächlich ein Zusammenhang besteht. Wie wahrscheinlich oder unwahrscheinlich die gemessene Verteilung ist, kann man statistisch präzise ausrechnen. Tatsächlich kennen wir diese Art von Schluss mal wieder aus unserem Alltagsleben: zum Beispiel, wenn ich jemanden auf einer Party kennengelernt habe, und meine Freundin erzählt mir von ihrer neuen Bekanntschaft, die erstaunlich ähnliche Eigenschaften hat wie mein neuer Kontakt. Ich gehe dann noch so lange von einem Zufall aus, wie es mir wahrscheinlich vorkommt, dass zufällig zwei Personen die gleichen Eigenschaften haben können, aber spätestens wenn sie mir erzählt, dass ihr Bekannter, genau wie meiner, Mitglied im Klub der städtischen Ameisenfreunde ist, erscheint es mir zu unwahrscheinlich, dass es zwei solche Personen gibt. Anscheinend reden wir also von demselben Menschen.

Wenn man auf diese Weise im astronomischen Sample aller Quellen mögliche Zusammenhänge zwischen Beobachtungsgrößen untersucht hat, kann man als Nächstes versuchen, numerische Modelle zu finden, die entsprechende Zusammenhänge vorhersagen, also beispielsweise erklären, warum die Leuchtkraft größer ist, wenn die Objekte mehr Masse haben. Vielleicht kann man auf dieser Grundlage auch bestehende Modelle ausschließen, die das Gegenteil behaupten, oder Modelle so erweitern, dass sie die grundlegenden, in den Daten gefundenen Muster reproduzieren können. Dabei muss man allerdings immer im Kopf behalten, dass die Auswahl der Quellen unter Umständen die Ergebnisse verfälscht haben könnte. Vielleicht sieht man diejenigen Objekte, die sich anders verhalten als die beobachteten, einfach nicht. Vielleicht werden auch alle beobachteten Objekte in gleicher Weise durch einen bestimmten Faktor beeinflusst, beispielsweise durch die spezielle chemische Zusammensetzung ihrer gemeinsamen Umgebung, und verhalten sich daher anders als andere Objekte ihrer Art. Die Beantwortung solcher Fragen, die darüber entscheiden, wie belastbar die statistischen Analyseergebnisse sind, ist in der Astrophysik besonders schwierig. Gefragt ist, wie oben schon erläutert, ein Zusammenspiel von Datenanalyse, Modellierung und ganz viel Erfahrung und Intuition. Wenn alles gut geht, erhält man schließlich eine allgemeingültige Beschreibung des typischen Entwicklungsweges kosmischer Phänomene und Objekte, so wie man prototypisch beschreiben kann, wie ein Mensch sich ganz allgemein in seinem Leben entwickelt, auch wenn der konkrete Lebensweg jedes individuellen Menschen durch viele umgebungsabhängige Einflüsse jeden Einzelnen zu etwas Einzigartigem macht.

ZURÜCK ZU DEN STERNENBABYS

Ich hatte ja schon von meiner Sherlock-Holmes-Studie berichtet, die sich mit Sternenembryos beschäftigt. Diese Studie war Teil eines großen Beobachtungsprojekts, bei dem wir, genau wie gerade beschrieben, eine Gruppe von mehr als 20 Protosternen als junge Versionen unserer Sonne beobachtet haben. Die Protosterne sind alle nicht weiter als 1000 Lichtjahre von unserer

Erde entfernt und befinden sich im selben Entwicklungsstadium. Mit dieser Studie wollten wir beispielsweise herausfinden, ab wann Protosterne von einer Staub- und Gasscheibe umgeben sind, aus der sich später Planeten bilden können. Wir wollten wissen, ob diese Sterne allein oder in Gruppen entstehen. Und schließlich wollen wir verstehen, wie komplex die Chemie bereits in der Umgebung dieser Protosterne ist. Letztere Frage ist wichtig dafür, einschätzen zu können, wie günstig die Umstände für die Entstehung von Leben sind, denn dafür ist eine gewisse chemische Komplexität notwendig.

Natürlich war die Gruppe unserer Forschungsobjekte nicht groß genug, um wirklich zuverlässige Statistik zu betreiben. Trotzdem konnten wir auf der Grundlage unserer Daten bereits einige allgemeine Aussagen treffen. Protoplanetare Scheiben aus Staub und Gas fanden wir nur bei sehr wenigen Protosternen. Entweder diese Scheiben entstehen erst zu einem späteren Entwicklungszeitpunkt, oder die Scheiben um unsere Beobachtungsobjekte herum sind noch so klein, dass wir sie mit unseren Beobachtungen nicht sehen können. Dieses Ergebnis ist durchaus interessant, weil viele Modelle genau das Gegenteil vorausgesagt hatten: Schon junge Sterne sollten demgemäß von großen Staub- und Gasscheiben umgeben sein. Diese Vorhersage beruhte jedoch darauf, dass die alten Modelle das Magnetfeld um den jungen Protostern nicht richtig berücksichtigten.

Die meisten von uns beobachteten Sternenembryos fanden wir in Gruppen von zwei oder drei Objekten. Was das für die Entstehung dieser jungen Protosterne theoretisch bedeutet, müssen als Nächstes detaillierte Simulationen zeigen. Interessanterweise fanden wir einige Sterne, die eine sehr komplexe Chemie mit, für astrophysikalische Verhältnisse, komplexen organischen Molekülen zeigten – darunter beispielsweise auch eine einfache Form von biologisch relevantem Zucker. Was diese chemische Vielfalt aber hervorruft und warum manche Protosterne chemische Komplexität zeigen und andere nicht, ist nach wie vor eine offene Frage. Hängt es von der Leuchtkraft des Protosterns ab? Von der chemischen Zusammensetzung der umgebenden Wolke? Vom Alter des Protosterns? Um hier Klarheit zu bekommen, müssen wir noch mehr Objekte beobachten und warten, dass sich langsam immer mehr empirische Puzzlesteine zu einem stimmigen Gesamtbild fügen.

DAS UNIVERSUM MACHT EXPERIMENTE FÜR UNS

Im kosmischen Labor macht das Universum in gewisser Weise Experimente für uns, indem es viele verschiedene Phänomene in vielen verschiedenen Entwicklungsstadien und Umgebungen für uns bereithält. Das ist überaus praktisch und macht die Astrophysik erheblich einfacher. Aber richtige Experimente funktionieren trotzdem etwas anders. Das liegt daran, dass wir im kosmischen Labor ziemlich große Schwierigkeiten haben, herauszufinden, was das Universum jeweils im Detail im Versuchsaufbau »getan« hat. Wenn wir zwei kosmische Objekte unter ähnlichen Bedingungen beobachten, von denen wir glauben, dass sie sich im Wesentlichen nur durch einen bestimmten Faktor unterscheiden – also beispielsweise zwei Sterne gleichen Typs und gleichen Alters in ähnlichen Molekülwolken, von denen wir als Hauptunterschied annehmen, dass nur in einer von beiden ein starkes Magnetfeld existiert –, dann können wir nie völlig sicher sein, dass es nicht doch noch andere wichtige Unterschiede gibt, die das Verhalten der Objekte maßgeblich bestimmen. Wenn wir mit den Objekten interagieren könnten, dann wäre der Test unkompliziert: Wir würden in einer Wolke das Magnetfeld an- und wieder ausschalten und gucken, was passiert. Da wir das aber nicht können, müssen wir die Auswertung kosmischer Experimente etwas komplizierter angehen, so wie gerade beschrieben.

Trotzdem gibt es unter den Astrophysikern auch echte Experimentalphysiker, die astrophysikalische Versuche auf der Erde im Labor durchführen. Dass es das geben kann und muss, ist automatisch deshalb klar, weil Astrophysik schließlich darin besteht, physikalische Gesetze, die auf unserer Erde gelten, auf die Phänomene im Kosmos anzuwenden. Die physikalischen Prozesse selbst kann man insofern am besten auf der Erde studieren, zumindest unter Bedingungen, die man im Labor erzeugen kann. Offene Fragen astronomischer Beobachtungen können nicht selten erst auf der Grundlage von irdischen Experimenten geklärt werden: Welche Spektrallinien werden von bestimmten Molekülen erzeugt? Wie stark reagieren bestimmte chemische Spezies miteinander? Wie klumpen Staubteilchen zusammen und wachsen schließlich zu größeren Körpern an?

Für meine eigene Forschung brauchte ich, wie berichtet, beispielsweise kürzlich die Information, bei welchen Temperaturen Eis aus Kohlenstoffmonoxid gasförmig wird und wie sich diese Temperaturen ändern, wenn man in das Eis andere Moleküle hineinmischt. Auf die Temperaturen habe ich dann auf einer Konferenz ein paar amerikanische Kollegen angesprochen, die die entsprechenden Experimente in ihrem eigenen Labor durchführen und mir weiterhelfen konnten.

In vielen astrophysikalischen Instituten gibt es daher auch Experimentallabore, in denen direkt das gemessen werden kann, was die Modellierer an Informationen brauchen, um astronomische Beobachtungen zu verstehen. Daneben gibt es natürlich auch Labore, in denen die Messtechnik für astronomische Observatorien entwickelt wird. Große astrophysikalische Forschungseinrichtungen beherbergen daher bei Weitem nicht nur Modellierer und Beobachter. Die Experimentatoren im ganz echten Sinne, die schon Ian Hacking so gerne mochte, sind auch immer mit dabei. Astrophysikalische Forschung besteht damit im komplexen Zusammenspiel von denjenigen, die Beobachtungsinstrumente entwickeln, den Beobachtern selbst, den Modellierern und den Experimentatoren, die die Modellierer mit den Informationen versorgen können, die in astrophysikalischen Modellen benötigt werden. Alle müssen miteinander im Austausch stehen, weil alle in verschiedener Art und Weise voneinander abhängen, wenn alle gemeinsam die Rätsel des Universums entschlüsseln wollen.

ooo

Mein Vater klingt beeindruckt: »Das kosmische Labor? Das klingt ja pompös ...«

»Na ja, was man damit sagen will, ist einfach nur, dass es im Universum ganz viele Phänomene und Objekte von einer Sorte gibt. Alle in verschiedenen Umgebungen. Als würde man in einem Labor die verschiedenen äußeren Einflüsse auf ein Experiment beliebig variieren. Aus dieser Vielfalt kann man dann auch noch mal einiges lernen.«

»Gib mir mal ein Beispiel.«

»Also zum Beispiel scheint es ja in quasi allen Spiralgalaxien im Zentrum ein supermassereiches Schwarzes Loch zu geben. Wenn man in diesen verschiedenen Galaxien die Massen der zentralen Schwarzen Löcher bestimmt, hat man schon mal eine Vorstellung davon, wie schwer supermassereiche Schwarze Löcher überhaupt sein können und ob unseres eher leicht oder schwer ist.«

»Und?«

»Es gibt in anderen Galaxien tatsächlich leichtere, aber auch schwerere. Aber man kann so auch bestimmte Hypothesen über die Natur unseres Schwarzen Lochs ausschließen, wenn man davon ausgeht, dass alle zentralen Schwarzen Löcher in verschiedenen Galaxien gleich aufgebaut sind. Dann sollte die Theorie für unser Schwarzes Loch auch auf die anderen Schwarzen Löcher passen.«

»Aber wie kann man denn annehmen, dass all diese zentralen Schwarzen Löcher wirklich vom gleichen Typ sind? Die Galaxien können doch auch völlig unterschiedlich sein oder zumindest eine ganz andere Geschichte haben.«

»Ja, das ist in der Tat ein Problem. Da muss man dann wieder durch andere Beobachtungen zusätzliche Informationen über die Galaxien sammeln, um einschätzen zu können, wie verschieden die Umgebungen wirklich sind.«

»Wenn ich das alles so höre, ist es wirklich umso beeindruckender, was man schon alles über das Universum herausgefunden hat.«

»Ja, das stimmt. Aber so hoffnungslos ist es ja auch nicht. Wie gesagt, dass es von jedem Phänomen so viele verschiedene Versionen im Universum gibt, hilft dabei schon enorm. Schwieriger ist es da schon, wenn man versucht, etwas zu verstehen, was es nur einmal gibt. So wie unser Universum im Ganzen.«

11.

DAS GROSSE GANZE

Bisher haben wir uns noch auf relativ kleinen räumlichen Skalen aufgehalten: Es ging um die Entwicklung von Planeten, Sternen und Galaxien. Ich selbst bin forschend nie über die nächste Nachbarschaft der Milchstraße hinausgekommen. Mein am weitesten entferntes Forschungsobjekt war M33, der Dreiecksnebel – eine Spiralgalaxie, die zusammen mit der Milchstraße und der Andromeda-Galaxie die lokale Gruppe dominiert. M33 ist etwa 2,7 Millionen Lichtjahre von uns entfernt, was für kosmische Maßstäbe wirklich gar nichts ist. In meiner eigenen Forschung hatte ich daher bisher immer das Glück, dass ich meine Forschungsobjekte vergleichsweise gut und mit großem Detailreichtum sehen konnte. Die »Astrophysik« trägt ihren Namen hier wirklich zu Recht, denn man braucht tatsächlich jede Menge »echter« Physik, so wie man sie von der Erde kennt, um die astronomischen Beobachtungen zu verstehen. Je weiter man sich von der Erde entfernt, desto schwieriger wird es, verschiedene Bereiche des Kosmos, die durch verschiedene physikalische Prozesse dominiert werden, auseinanderhalten zu können. Die Aussagen, die man machen kann, werden daher immer allgemeiner. Zudem geht es immer weniger um individuelle Phänomene als um Aussagen, die sich auf große Bereiche und allgemeine Tendenzen beziehen.

Je weiter man sich von der Erde wegbewegt, desto mehr schiebt sich aber auch ein anderes Thema in den Vordergrund: Wie entwickelt sich unser Universum als Ganzes? Wie ist es entstanden? Warum sieht es so aus, wie es aussieht? Und wie wird unser Universum irgendwann in der Zukunft sein, wenn die Erde schon lange nicht mehr existiert? Dies sind die großen Fragen der Kosmologie, die wohl fast jedem schon einmal auf die eine oder andere Art begegnet sind, und sei es nur in der naheliegenden Form: »Was war eigentlich vor dem Urknall? Und wohin dehnt sich das Universum eigentlich aus, wenn es sich nicht in irgendetwas anderem, Größerem befindet?«

MIT UNENDLICHKEIT UMGEHEN

Wenn wir über das Universum nachdenken, bekommen wir schnell mal Kopfschmerzen. Zumindest wenn wir es ernsthaft betreiben. Das Problem dabei hat bereits Immanuel Kant in seiner *Kritik der reinen Vernunft* beschrieben, die 1781 und in zweiter Auflage 1787 erschien: Wir können uns weder einen unendlich langen Zeitraum oder einen unendlich großen Raum vorstellen, noch können wir wirklich etwas mit der Vorstellung eines endlichen Universums anfangen, das irgendwann einen zeitlichen Anfang hatte. Der Umgang mit Unendlichkeiten überfordert den menschlichen Geist. In unserer Alltagswelt gibt es nichts, das wirklich unendlich ist, wir kennen nur sehr, sehr groß und sehr, sehr klein. Wenn wir versuchen, uns vorzustellen, dass das Universum unendlich lange existiert hat (was bekanntlich nicht der Fall ist, schließlich gab es den Urknall), stellt sich fast automatisch die Frage, wie es zu diesem unendlich lange währenden Zustand überhaupt gekommen sein könnte. Darauf gäbe es aber keine Antwort, denn das Universum wäre einfach immer schon da gewesen. So richtig befriedigend ist das nicht.

Als Kind hatte ich eine Hörspielkassette mit einem Märchen der Gebrüder Grimm, in dem ein Junge gefragt wird, wie lang eine Ewigkeit dauert. Er antwortet: Wenn ein Vögelchen seinen Schnabel alle 100 Jahre an einem Berg wetzt, ist die erste

Sekunde der Ewigkeit verstrichen, sobald der Berg abgetragen wurde. Bei dieser Geschichte lief es mir immer kalt den Rücken hinunter. Einen ähnlichen Grusel erzeugte später im Studium die Vorstellung, was passiert, wenn man eine Zahl durch null teilt: Je kleiner die Zahl ist, durch die man teilt, desto größer wird das Ergebnis. Bei der Null fliegt einem alles um die Ohren. Grauenvoll. In der Mathematik lernt man dann irgendwann, mit Unendlichkeiten umzugehen. Rein emotional und angewendet auf Dinge und Situationen, die wir aus dem Alltag kennen, bleiben Unendlichkeiten aber einfach erschreckend.

Die Alternative ist allerdings auch nicht ganz ohne, denn wenn das Universum nicht unendlich ist, dann muss es in Raum und Zeit Grenzen haben. Aber was befindet sich hinter den räumlichen Grenzen und was war vor dem Beginn des Universums? Man kann sich schließlich immer vorstellen, dass man am Ende des Universums noch einen Schritt weiter gehen könnte. Man kann auch in der Zeit immer noch ein Stück weiter zurückgehen, vor den Anfang des Kosmos. Neben Fragen zu Schwarzen Löchern sind diese Überlegungen diejenigen, mit denen ich am häufigsten von Nicht-Physikern konfrontiert werde (mein Vater übrigens an vorderster Front): Wenn sich das Universum ausdehnt, wohinein dehnt es sich denn aus? Wenn es einen Urknall gegeben hat, was war dann davor? Man kommt dann immer mit Analogien wie dem Fahrradschlauch, der für in ihm lebende Ameisen keine Grenzen hat, aber trotzdem endlich ist (die spannendere Frage wäre wahrscheinlich, wie die Ameisen überhaupt in den Fahrradschlauch hineingeraten sind), aber auch das ist nicht so richtig befriedigend, denn Fahrradschläuche befinden sich ja auch in etwas Größerem. Die Ameisen könnten also sehr wohl fragen, was sich außerhalb ihrer Schlauchwelt befindet.

Man darf festhalten, dass das Universum in seiner Gesamtheit für den Menschen kein Gegenstand möglicher Erfahrung

sein kann. Unsere sinnliche Erfahrung hat immer nur mit einer überschaubaren Menge von Dingen in ebener Geometrie zu tun. Das ist es, was Kant schon vor mehr als 200 Jahren festgestellt hat. Kant empfiehlt daher, dass man sich vor »Fehlanwendungen« der menschlichen Vernunft hüten sollte. Diese enstehen dadurch, dass man Schlussweisen, die im Alltag funktionieren, auf Sachverhalte verallgemeinert, die sich unserer direkten Erfahrung entziehen – wie zum Beispiel das Universum als Gesamtheit von allem Existierenden. Das Universum ist laut Kant einfach unfassbar für unsere Vorstellungskraft, die auf sinnlicher Erfahrung beruht. Letztendlich spielt Kant für die Kosmologie also fast eine ähnliche Rolle wie Ian Hacking für die Astrophysik, und zwar die des erkenntnistheoretischen Pessimisten. Das Argument zeigt in seinem Aufbau sogar eine gewisse Ähnlichkeit: Kant sagt, wir sollten uns deshalb davor hüten, Aussagen über das Universum als Ganzes zu treffen, weil wir auf der Grundlage von logischen Argumenten sowohl beweisen können, dass das Universum endlich sein muss (denn ein unendliches Universum ist unvorstellbar), als auch, dass es unendlich sein muss (denn bei einem endlichen Universum können wir uns nicht vorstellen, wie die Grenze des Universums aussehen könnte). Dieses Argument erinnert zumindest formal an das Problem der Unterdeterminiertheit, dem wir schon früher begegnet sind. Die Frage, ob unser Universum endlich oder unendlich ist, können wir nicht sinnvoll beantworten, zumindest wenn wir Kants Argument Glauben schenken.

Gott sei Dank sind wir heute aber nicht mehr allein auf die argumentativen Fähigkeiten unserer Vernunft angewiesen, die sich zentral auf unsere sinnliche Alltagserfahrung bezieht, sondern können die Kosmologie als empirische Wissenschaft anpacken, die auf Daten beruht, die unsere Wahrnehmung weit in den Makrokosmos hinaus erweitern. So kommt es, dass wir heute erstaunlich viel über das Universum wissen. Auch wenn wir nach wie vor Probleme haben, dieses Wissen auch wirklich zu »begreifen« und anschaulich zu machen, in diesem Punkt kann man Kant nach wie vor recht geben.

UNSER UNIVERSUM – DUNKLE ENERGIE, INFLATION ETC.

Ziemlich lange entzog sich das All tatsächlich unserem empirisch-wissenschaftlichen Zugriff. Noch Anfang des vergangenen Jahrhunderts gab es beispielsweise eine als »Great Debate« bekannt gewordene, lange Diskussion darüber, ob sich »Spiralnebel« wie Andromeda innerhalb der Milchstraße befinden oder andere Galaxien außerhalb unserer eigenen Galaxie sind. Edwin Hubble entschied diese Diskussion schließlich zugunsten letzterer Option, indem er die Entfernungen der Nebel bestimmte und damit zeigte, dass sie viel zu weit weg sind, um Teil der Milchstraße zu sein. Diese Einsicht begründete die extragalaktische Astrophysik. Im Jahr 1929 veröffentlichte Hubble außerdem seine berühmte Beobachtung, dass sich entfernte Galaxien umso schneller von uns wegbewegen, je weiter sie entfernt sind. Diese als »Hubble-Gesetz« bekannte Einsicht wird heute auf die Ausdehnung des Universums selbst zurückgeführt und stellt einen wichtigen empirischen Anhaltspunkt dafür dar, zu verstehen, wie sich unser Universum mit der Zeit entwickelt.

Ebenfalls Anfang des vergangenen Jahrhunderts entwickelte Einstein seine allgemeine Relativitätstheorie – eine Theorie der Gravitation, die beschreibt, wie die Struktur des Raumes selbst durch Massen verändert wird. Massen verursachen eine Krümmung der Raumzeit, die wiederum die Bewegung von Körpern so beeinflusst, dass es so scheint, als würde der massereiche Körper andere Körper anziehen. Mit dieser Theorie kann man kleine Systeme beschreiben, wie die Bewegung der Erde um die Sonne oder die Wirkung eines Schwarzen Lochs. Man kann die allgemeine Relativitätstheorie aber auch auf das Universum im Ganzen anwenden und sich fragen, welche Geometrie es hat und wie es sich entwickelt. Dafür muss man eine zentrale Annahme machen, und zwar die, dass unsere Perspektive auf den Kosmos keine besondere ist. Das Universum sieht im Großen und Ganzen überall und in allen Richtungen gleich aus. Das stimmt natürlich nicht auf kleinen Skalen, denn in einer bestimmten Richtung gibt es vielleicht eine Galaxie zu sehen und in einer anderen Richtung nicht. Aber auf großen Skalen, wenn man die Verteilung von Galaxien und Galaxienhaufen statistisch betrachten kann, scheint die Annahme nicht ganz falsch zu sein. Ausgehend von diesem sogenannten kosmologischen Prinzip kann man dann die Einsteinschen Feldgleichungen für das Universum aufschreiben. Diese Gleichungen beschreiben die Geometrie des Universums in Abhängigkeit von der Masse und der Energie, die sich im Universum befindet, und werden in ihrer Anwendung auf den Kosmos Friedmann-Gleichungen genannt. Benannt sind diese Gleichungen nach dem russischen Kosmologen Alexander Friedmann, der sie 1922 in seinem Artikel »Über die Krümmung des Raumes« veröffentlichte. Zum anfänglichen Entsetzen Einsteins, der selbst zunächst ein statisches, unveränderliches Universum favorisiert hatte, beschrieb Friedmann hier erstmalig die Möglichkeit eines dynamischen, veränderlichen Kosmos – eine Vorstellung, an die wir uns heute bereits gewöhnt haben.

Aus den Friedmann-Gleichungen kann man lernen, wie das Universum aussehen und sich entwickeln könnte, abhängig davon, wie viel Materie und Energie es enthält. Es könnte zum Beispiel immer gleich groß sein, es könnte immer größer werden oder es könnte größer werden und irgendwann wieder zusammenschrumpfen. Einige Lösungen der Gleichungen postulieren daher einen Anfang des Universums, andere entsprechen einer unendlichen, gleichbleibenden Existenz des Universums, wieder andere beschreiben ein oszillierendes Universum, das sozusagen immer wieder neu entsteht. Die verschiedenen möglichen Lösungen der Gleichungen haben außerdem verschiedene Geometrien: Das Universum ist entweder insgesamt flach wie ein Blatt Papier oder negativ gekrümmt wie ein Pferdesattel oder positiv gekrümmt wie der berühmte Fahrradschlauch der Ameisen. All diese verschiedenen Universen könnte es geben, wenn die allgemeine Relativitätstheorie stimmt (wovon wir stark ausgehen). In welchem dieser Universen wir nun aber tatsächlich leben, das müssen wir anhand von Beobachtungen herausfinden.

Hubbles Beobachtung der Geschwindigkeiten von Galaxien, die größer werden, je weiter die Galaxien von uns entfernt sind, war historisch ein erster wichtiger Anhaltspunkt. Einstein selbst hatte ja zunächst ein statisches Universum favorisiert, das einfach so bleibt, wie es ist. Dafür hatte er sogar seine berühmte kosmologische »Lambda«-Konstante in die Feldgleichungen eingeführt, die das All stabil im Gleichgewicht hält, was es gemäß den Gleichungen ohne die kosmologische Konstante nie sein würde. Nach Hubbles Entdeckung lag es aber nahe, die Bewegungen der Galaxien auf eine Expansion des Raumes selbst zurückzuführen: Die Galaxien bewegen sich von uns und voneinander weg, weil der Raum sich ausdehnt, so wie die Oberfläche eines Luftballons, der aufgeblasen wird. Einstein selbst zog seine kosmologische Konstante daraufhin wieder zurück. Heute ist sie allerdings wieder etabliert, nachdem weitere Beobachtungen zu einer noch besseren Vermessung des Hubble-Gesetzes geführt haben, das heißt zu einer genaueren Bestimmung der Ausdehnungsgeschwindigkeit der Raumzeit. Nun weiß man, dass das Universum sich nicht nur ausdehnt, sondern dies auch noch beschleunigt tut. Um dies zu verstehen, braucht man eine Kraft, die das Universum auseinandertreibt. Diese Kraft bezeichnet man als Dunkle Energie. Was physikalisch genau hinter dieser Kraft steckt, ist allerdings nach wie vor rätselhaft.

Als weiteren rätselhaften Inhaltsstoff des Universums postuliert man heute die Dunkle Materie. Damit bezeichnet man Materie, die nicht direkt mit elektromagnetischer Strahlung wechselwirkt, sondern nur anhand ihrer Gravitationskraft wirksam ist. Dass es mehr Materie geben muss als diejenige, die man sieht, wird bereits deutlich, wenn man sich unsere großen Nachbargalaxien etwas genauer anschaut. Aus der Bewegung der Sterne, des Gases und des Staubs kann man berechnen, wie viel Masse in der Galaxie vorhanden sein muss, da die Bewegungen durch das Gravitationsfeld dieser Masse bestimmt sind. Wenn man nun diese aus der Bewegung abgeleitete Masse mit der sichtbaren Masse vergleicht, stellt man fest, dass die sichtbare Materie bei Weitem nicht ausreicht. Es muss noch mehr Masse geben, die die Sterne auf deren Bahnen zwingt. Diese unsichtbare Materie scheint Dunkle Materie zu sein, die einen großen Teil der Materie in unserem Universum ausmacht und grundsätzlich anders sein muss als die Materie, die wir von der Erde kennen. Seit Jahrzehnten wird intensiv gerätselt, woraus sie bestehen könnte. Im Standardmodell der Teilchenphysik ist zumindest kein Teilchen zu finden, aus dem die Dunkle Materie bestehen könnte. Alternative Theorien der Teilchenphysik enthalten zwar Kandidaten für Dunkle-Materie-Teilchen, aber bisher konnten in den großen Teilchenbeschleunigern keine Anzeichen dafür gefunden werden, dass diese Alternativen stimmen.

Die Annahme, dass es Dunkle Materie geben muss, beruht darauf, dass man die allgemeine Relativitätstheorie für richtig hält. Tatsächlich hat diese Theorie mit beeindruckender Präzision alle bisherigen Tests bestanden. Wenn man aber in Betracht zieht, dass es eine andere Theorie zur Beschreibung der Gravitation geben könnte, dann kann man auch das Problem der Dunklen Materie umgehen. Über die Frage, ob andere Theorien wie beispielsweise MOND, »Modifizierte Newtonsche Dynamik«, die eine modifizierte Version der Newtonschen Gravitationstheorie bei geringen Beschleunigungen postuliert, wirklich eine attraktive Alternative darstellen, wird in Kosmologenkreisen leidenschaftlich gestritten.

Diejenige Beobachtung, durch die man wohl am meisten über das Universum als Ganzes gelernt hat, ist aber die Aufzeichnung der kosmischen Hintergrundstrahlung. Dieser Strahlung sind wir schon früher begegnet, als es um ihre Entdeckung durch Arno Penzias und Robert Woodrow Wilson ging, die sie zunächst für ein ärgerliches Störgeräusch hielten. Tatsächlich ist diese Strahlung, die eine Temperatur von 2,7 Grad Kelvin, also minus 270 Grad Celsius, aufweist, 380 000 Jahre nach dem Urknall entstanden. Vor diesem Zeitpunkt war das Universum noch so heiß, dass die existierenden Elektronen und Protonen sich zu schnell bewegten, um sich zu neutralen Wasserstoffatomen zusammenzufinden. Licht wurde daher an freien geladenen Teilchen gestreut und konnte sich nicht frei fortbewegen – das Universum war undurchsichtig. Erst als sich das Universum durch seine Ausdehnung so weit abgekühlt hatte, dass sich

Elektronen und Protonen zu neutralen Wasserstoffatomen verbinden konnten, konnte sich auch das Licht wieder ungestört ausbreiten. Seit diesem Zeitpunkt, 380 000 Jahre nach dem Urknall, ist dieses Licht nun unterwegs und ist, genau wie das Universum selbst, durch die Ausdehnung des Raumes immer kälter geworden.

Das Besondere an der kosmischen Hintergrundstrahlung ist, dass sie noch die Signaturen der Eigenschaften des Universums zu diesem frühen Zeitpunkt in sich trägt. Daher wird sie auch als Babyfoto des Weltalls bezeichnet: Man kann aus ihr genau ablesen, wie damals die Temperaturverteilung im für uns sichtbaren Teil des Universums war. Die minimalen Temperaturschwankungen, die seitdem in der kosmischen Hintergrundstrahlung konserviert wurden, zeigen die Keimzellen des Universums, wie wir es heute kennen, mit all seinen Galaxien, Galaxienhaufen und großräumigen Strukturen. Aus der Verteilung der Temperaturschwankungen kann man aber gleichzeitig sehr viel über das Universum selbst lernen und die freien Parameter der Lösungen der Friedmann-Gleichungen sehr präzise festlegen, um zu beantworten, in welchem der gemäß der Einsteinschen Feldgleichungen möglichen Universum wir tatsächlich leben. Die erste hochwertige, vollständige Messung der kosmischen Hintergrundstrahlung über die gesamte Himmelssphäre erfolgte Anfang der 1990er-Jahre durch den COBE-Satelliten der NASA. Die aktuellste und präziseste Messung der kosmischen Hintergrundstrahlung wurde vom Planck-Satelliten der ESA geliefert, der von 2009 bis 2013 den Himmel abscannte.

Der Vergleich kosmologischer Modelle mit diesen präzisen Beobachtungen der Temperaturschwankungen, auch »Anisotropien« genannt, hat dazu geführt, dass sich seit einigen Jahrzehnten ein kosmologisches Standardmodell herausgebildet hat, das die Natur der kosmischen Hintergrundstrahlung mit beeindruckender Genauigkeit erklärt und als »Lambda-CDM-

Modell« bezeichnet wird. Der Name weist bereits darauf hin, dass maßgebliche Bestandteile dieses Modells die Dunkle Energie sowie kalte Dunkle Materie sind. In diesem Standardmodell macht die uns bekannte »baryonische« Materie, die aus Elementarteilchen zusammengesetzt ist, die wir aus unseren Laboren kennen, nur knapp fünf Prozent des Energie-Materie-Inhalts des Universums aus. Dunkle Materie ist dagegen mit knapp 26 Prozent sehr viel häufiger vertreten. Den größten Anteil hat allerdings die Dunkle Energie mit 69 Prozent. Auch das Alter des Universums ist in dem Modell festgelegt und beträgt gemäß den Planck-Messungen 13,8 Milliarden Jahre.

Auch der Wert der Hubble-Konstante wurde auf diese Weise bestimmt, das heißt die Geschwindigkeit, mit der sich kosmische Objekte in einer bestimmten Entfernung aufgrund der Ausdehnung des Universums von uns wegbewegen. Verbunden mit diesem Parameter gibt es aber ein interessantes Problem: Wenn man ihn aus der kosmischen Hintergrundstrahlung ableitet, erhält man einen Wert von etwa 68 Kilometer pro Sekunde pro Megaparsec, wobei ein Megaparsec einer Entfernung von etwas mehr als drei Millionen Lichtjahren entspricht. Man kann die Ausdehnung des Universums aber natürlich auch etwas »direkter« vermessen, indem man im Prinzip so wie Hubble selbst vor 100 Jahren die Entfernung zu verschiedenen Objekten ermittelt und deren Geschwindigkeit bestimmt. Diese Methode ist nicht ganz einfach, da die Ermittlung von Entfernungen im Universum umständlich ist. Trotzdem haben sich Astrophysiker dieser Herausforderung anhand raffinierter Methoden gestellt. Was sie dabei herausbekommen, ist aber erstaunlicherweise nicht der Wert der Hubble-Konstante, der aus den Planck-Beobachtungen der kosmischen Hintergrundstrahlung abgeleitet wird, sondern ein deutlich größerer, mit den Planck-Messungen unvereinbarer Wert von etwa 73 Kilometern pro Sekunde pro Megaparsec.

Kürzlich wurde sogar noch eine dritte, unabhängige Methode angewendet, bei der der Gravitationslinseneffekt ausgenutzt wurde (wenn ein entferntes Objekt Licht aussendet, das dann durch ein davor liegendes massereiches Objekt verstärkt und abgelenkt wird, dann braucht das Licht verschieden lange, je nachdem welchen Weg es um das Objekt herum genommen hat; sofern das Hintergrundobjekt sein Licht mit zeitlich veränderlicher Intensität aussendet, kann man diese Laufzeitunterschiede messen und daraus direkt die Hubble-Konstante bestimmen; Ian Hacking könnte stolz sein auf die praktische Leistungsfähigkeit des von ihm so geschmähten Gravitationslinseneffekts). Überraschenderweise steht auch der auf diese Weise abgeleitete Wert der Hubble-Konstante mit 72 Kilometern pro Sekunde pro Megaparsec, genau wie schon der Wert aus der direkten Messung, im Widerspruch mit der Messung auf der Grundlage der kosmischen Hintergrundstrahlung. Könnte diese Diskrepanz ein Hinweis darauf sein, dass mit unserem kosmologischen Modell etwas nicht stimmt? Oder wurde doch irgendwo ein Messfehler übersehen? Hier sind in den nächsten Jahren und Jahrzehnten mit Sicherheit noch ein paar Überraschungen zu erwarten.

Der Vollständigkeit halber ist noch zu erwähnen, dass unser kosmologisches Modell eine etwas exotische Eigenart beinhaltet: Sehr kurz nach dem Urknall, ab etwa 10^{-34} Sekunden (diese Zahl bezeichnet eine Null, ein Komma und dann 33 Nullen und dann eine Eins), ist das Universum demgemäß eine sehr kurze Zeit lang exponentiell schnell gewachsen, bevor es wieder der Expansion folgte, wie sie in den Friedmann-Gleichungen vorhergesagt wird. Diese Inflationsphase wurde 1981 von Alan H. Guth postuliert, weil sie einige Probleme des kosmologischen Modells lösen kann, ohne dass man genau versteht, wie es zu diesem Wachstum wirklich kam. Sie kann aber zum Beispiel erklären, warum unser Universum überall und in allen Richtungen so erstaunlich ähnlich aussieht (wir erinnern uns, das war als kosmologisches Prinzip Grundlage der Friedmann-Gleichungen). Schließlich könnte unser Universum ja auch, wie eine Landschaft, in verschiedenen Regionen ganz verschieden aussehen. Dafür haben wir aber keine empirischen Anhaltspunkte. Insbesondere die kosmische Hintergrundstrahlung, die immerhin die gesamte Himmelssphäre abdeckt, liefert ein starkes Argument für eine einheitliche Erscheinung des uns zugänglichen Universums. Aber auch die beobachtbare, großräumige Verteilung von Galaxien in Haufen und Superhaufen, die wie ein großes Netz das Universum füllen, wirkt ab einer bestimmten Skala homogen.

Einheitlichkeit bedeutet aber Abstimmung: Irgendwie müssen alle uns sichtbaren Regionen im Universum früher in einem Austausch gestanden haben, sodass sich ihre Eigenschaften angleichen konnten. Wenn man keine Inflation annimmt, lagen diese Regionen aber zu weit voneinander entfernt, um sich austauschen zu können, da die Lichtgeschwindigkeit eine maximale Kommunikationsgeschwindigkeit vorgibt. Die Homogenität des beobachtbaren Universums wäre damit ein Rätsel. Die Inflation bietet hier eine einfache Erklärung: Das für uns sichtbare Universum ist durch die exponentielle Ausdehnung ursprünglich aus einer sehr viel kleineren Region entstanden, als man aufgrund des kosmologischen Modells ohne Inflation vermuten würde. Diese Region war demnach klein genug, um eine Abstimmung der physikalischen Eigenschaften zu ermöglichen.

Ein weiteres Argument für die Inflation ist die beobachtete Flachheit des Universums, das, wie wir vorher gesehen hatten, entweder eine flache Geometrie besitzen kann, eine positiv gekrümmte wie ein Fahrradschlauch oder eine negativ gekrümmte wie ein Pferdesattel. Dass unser Universum flach ist, also auf großen Skalen keine Raumkrümmung aufweist, ist von den drei Optionen die unwahrscheinlichste, da hierfür eine genaue Abstimmung der kosmischen Parameter wie zum Beispiel der Materiedichte notwendig ist. Die Messung der kosmischen Hintergrundstrahlung zeigt aber, dass genau dieser Fall in unserem Universum realisiert zu sein scheint. Physiker mögen keine unwahrscheinlichen Zufälle. Daher freuen sie sich, dass die Flachheit des Universums ebenfalls durch die Inflation erklärt werden kann: Die inflationäre Phase hat das Universum so massiv aufgeblasen, dass eine Krümmung sich sozusagen ausgebügelt hat. Auch hier können wir die Analogie des Luftballons zur Veranschaulichung nutzen. Wenn wir uns einen kleinen Ausschnitt auf der Oberfläche des Ballons im nur schwach aufgeblasenen Zustand ansehen, dann ist die Krümmung dieses Ausschnittes noch sehr stark. Je stärker wir den Ballon aufblasen, desto flacher wird der Ausschnitt. Aus theoretischen Gründen ergibt es also durchaus viel Sinn, von einer inflationären Phase in der Entwicklung des Universums auszugehen.

Indirekt wurde die Inflation auch anhand der Natur der kosmischen Hintergrundstrahlung bestätigt, die genau zu unserem inflationären Modell zu passen scheint. Ein direkter Nachweis ist allerdings nach wie vor noch nicht gelungen, genauso wenig wie eine abschließende theoretische Klärung.

Zusammengefasst beschreiben wir unser Universum heute also mit dem sogenannten Lambda-CDM-Modell, gemäß dem wir nur knapp fünf Prozent des Universums wirklich verstehen. Der Rest besteht aus Dunkler Energie und Dunkler Materie. Kurz nach dem Urknall gab es eine Inflationsphase. Dieses Modell erklärt sehr viele unserer kosmologischen Daten mit unglaublich hoher Präzision. Allerdings nicht alle. Und zusammen mit der Tatsache, dass wir 95 Prozent des Universums in diesem Modell nicht verstehen, ist dies Grund genug, dass viele Kosmologen in ihrem Feld in den nächsten Jahren und Jahrzehnten noch mit einigen Revolutionen rechnen. Könnten diese Probleme tatsächlich damit zu tun haben, dass es so schwer ist, an Daten über den Kosmos im Ganzen zu kommen? Wie dramatisch ist das Problem der Unterdeterminiertheit in der Kosmologie?

AUF DEM PRÜFSTAND – KOSMOLOGISCHES PRINZIP UND STANDARDMODELL

Der amerikanische Philosoph Chris Smeenk hat sich mit dieser Frage 2014 in einem Artikel auseinandergesetzt. Als Erstes stellt er die Frage, ob es theoretisch möglich ist, auf der Grundlage von Beobachtungen festzustellen, welches theoretische Modell unser Universum beschreibt. Dabei setzt er lediglich voraus, dass Einsteins allgemeine Relativitätstheorie gültig ist und wir nur noch vor der Aufgabe stehen, aus allen möglichen Modellen, die mit der Relativitätstheorie vereinbar sind, das richtige zu küren. Seine Antwort ist Nein, womit wir wieder mit dem klassischen Problem der Unterdeterminiertheit konfrontiert sind: Sofern Smeenk recht hat, würde es mehrere Theorien geben, die das Universum beschreiben und die mit den uns vorliegenden empirischen Daten vereinbar sind.

Der Ausgangspunkt für Smeenks These ist in der Endlichkeit der Lichtgeschwindigkeit begründet, die dafür sorgt, dass wir nur Signale aus einem endlichen Bereich des Universums empfangen können, unserem sogenannten Vergangenheitslichtkegel. Über Orte, die weiter von uns entfernt sind als die Strecke, die das Licht seit dem Urknall zurücklegen konnte, werden wir nie etwas lernen können. Das wäre im Prinzip kein Problem, wenn das Wissen über eine begrenzte Region im Universum dafür ausreichen würde, Aussagen über das gesamte Universum zu machen. Das ist laut Smeenk allerdings nicht möglich, da die allgemeine Relativitätstheorie für die globale Gestalt des Universums relativ wenige Einschränkungen vorgibt. Nur auf der Grundlage des eigenen Vergangenheitslichtkegels besitzt man niemals genügend Informationen, um Entscheidungen über die globale Struktur des Universums zu treffen, die auch all die Gebiete betreffen, die uns selbst empirisch nicht zugänglich sind. Der Philosoph John Manchak stellte 2009 für diese Aussage sogar einen Beweis auf.

Der einzige Ausweg aus dem Dilemma ist, eine Annahme über die unzugänglichen Bereiche zu treffen. Dieser Annahme sind wir vorhin bereits begegnet. Es ist das kosmologische Prinzip, das behauptet, dass das Universum überall und in allen Richtungen auf großen Skalen gleich aussieht. Wir hatten bereits festgestellt, dass die Annahme zumindest auf der Grundlage der uns zugänglichen Beobachtungen gerechtfertigt zu sein scheint: Das Universum, so wie wir es sehen, scheint tatsächlich erstaunlich gleichförmig zu sein. Die Inflation liefert dafür sogar eine theoretische Begründung, auf die wir uns berufen können, insofern scheinen wir mit unserer auf dem kosmologischen Prinzip beruhenden Kosmologie im Bereich des uns zugänglichen Universums nicht ganz falschzuliegen. Für weiter entfernte, uns empirisch völlig unzugängliche Bereiche des Universums schlägt Smeenk vor, eine agnostische Position einzunehmen: Wir wissen einfach nicht, wie das Universum dort aussieht. Das ist aber auch nicht wirklich schlimm, denn eigentlich reicht es ja auch schon aus, das Universum zu verstehen, das wir beobachten können.

Mehr Sorgen macht den Kosmologen im Vergleich ein anderes Problem, das mit Unterdeterminiertheit zu tun hat. Die Tatsache, dass wir gemäß dem kosmologischen Standardmodell nur von knapp fünf Prozent des Energie-Materie-Inhalts des Universums behaupten können, wir hätten es verstanden, ist gelinde gesagt etwas niederschmetternd. Darüber hinaus weckt der Status der restlichen 95 Prozent schlechte Erinnerungen an historische Episoden, bei denen ein Versagen einer Theorie dadurch »gekittet« wurde, dass ein Phänomen postuliert wurde, das zwar das Problem lösen, über das man ansonsten aber nicht viel sagen konnte. So geschehen im Fall des Äthers, der dafür gebraucht wurde, um im Vakuum Licht zu übertragen, oder des Phlogistons, einem chemischen Stoff, der erfunden wurde, um Brennprozesse zu erklären. Wie man die Dunkle Materie und die Dunkle Energie im Vergleich dazu einschätzt, ob man also optimistisch darauf wartet, dass wir bald schon herausfinden werden, was hinter diesen Phänomenen steckt, oder ob man eher denkt, dass sich beides bald als in Wirklichkeit gar nicht existierende Hilfskonstruktionen herausstellt, ist ein Stück weit Geschmackssache.

Tatsache ist, dass es viele unabhängige empirische Anhaltspunkte dafür gibt, dass es beide Phänomene geben sollte. Die Dunkle Materie scheint wie schon erwähnt notwendig zu sein, um die Bewegung von Sternen in Galaxien zu verstehen, aber auch in der Erklärung der Entstehung und Entwicklung von Galaxien ist Dunkle Materie ein zentraler Bestandteil. Dunkle Energie braucht man, um die beschleunigte Ausdehnung des Universums im Rahmen der Friedmann-Modelle verstehen zu können. Aber sobald man nicht mehr zu sehr an der Einsteinschen Relativitätstheorie hängt, gibt es Alternativtheorien, die auch ohne Dunkle Materie und Dunkle Energie auskommen. Diese Alternativtheorien funktionieren sogar besser auf kleinen Skalen, beispielsweise wenn es darum geht, die Verteilung von kleinen Satellitengalaxien in der Umgebung großer Galaxien zu verstehen. Allerdings sind die Alternativtheorien mathematisch weniger »schön« und weniger einfach als Einsteins Theorie und funktionieren außerdem auf größeren Skalen weniger gut. Die meisten Kosmologen sind heute daher nach wie vor von der grundsätzlichen Richtigkeit des kosmologischen Standardmodells überzeugt. Wenn sich allerdings noch lange im Rahmen der Teilchenphysik keinerlei Anzeichen für Teilchenkandidaten der Dunklen Materie finden lassen, wird die Geduld der Kosmologen vielleicht irgendwann erschöpft sein. Die emotionale Intensität, mit der gegenwärtig über das beste kosmologische Modell gestritten wird, zeigt, dass die empirischen Fakten tatsächlich nicht vollkommen eindeutig sind. Das kosmologische Standardmodell scheint nicht perfekt, aber die Mehrheit der Kosmologen ist von den existierenden Alternativen ebenfalls nicht überzeugt. Hier ist die bestehende Unterdeterminiertheit Ursache für eine der spannendsten, aktuellen Debatten der Wissenschaft.

DER ANFANG – AUF DER SUCHE NACH DER WELTFORMEL

Ebenfalls kontrovers ist, wie man genau den Anfang unseres Universums zu verstehen hat. Dass es einen Urknall gegeben hat, ist ziemlich unstrittig. Dass das Universum einen Anfang gehabt haben muss, folgt im Übrigen bereits aus der Tatsache, dass unser Nachthimmel dunkel und nicht hell ist. In einem unendlich ausgedehnten, statischen Universum, das bereits unendlich lange existiert hat, würde uns aus jeder Himmelsrichtung das Licht eines Sterns oder einer Galaxie erreichen, wie der deutsche Arzt und Astronom Heinrich Wilhelm Olbers bereits 1823 feststellte. Der Horizont wäre nachts hell erleuchtet. Die beobachtete Ausdehnung des Universums ist ein weiterer Hinweis darauf, dass der Kosmos kleiner war, je weiter man in der Zeit zurückgeht. Der Urknall, zu dem das gesamte Universum in einem Punkt versammelt war, ist mathematisch im Rahmen der kosmologischen Modelle eine Singularität, ein mathematisch nicht definierbarer Zustand. Anfänglich hielt man diese Singularität daher für ein theoretisches Artefakt, das durch vereinfachende Annahmen der Modelle verursacht wird und dem daher keine reale Bedeutung zukommt. In den 1960er-Jahren konnte man aber zeigen, dass die Singularität modellunabhängig aus sehr allgemeinen Prinzipien folgt. Im Zuge dieser Singularität ist die Raumzeit, wie wir sie heute kennen, überhaupt erst entstanden. Fragen nach dem »Davor« ergeben daher wenig Sinn, da die Zeit vor dem Urknall überhaupt nicht existierte.

Direkt nach dem Urknall war das Universum sehr heiß und sehr dicht. Die Physik, die in den allerersten Momenten unseres Alls gegolten hat, kennen wir noch nicht. Man nimmt an, dass zu diesem Zeitpunkt alle Kräfte noch in einer einzigen Kraft vereint waren und man zur Beschreibung dieser Kraft eine »Theory of Everything« – eine Weltformel der Quantengravitation – benötigt. Erst nach 10^{-34} Sekunden kennen wir uns wieder aus und können unsere heute bekannten Theorien anwenden. Warum ist unser Universum aber genau so, wie es ist? Hätte es nicht ganz anders sein können?

Diese Fragen stellen sich insbesondere deshalb, weil unser Universum relativ ungewöhnlich zu sein scheint. Wir hatten vorher bereits von zwei überraschenden Beobachtungen gehört: Das beobachtbare Universum scheint flach zu sein und zeigt in der kosmischen Hintergrundstrahlung eine Einheitlichkeit von Strukturen, die eigentlich nicht existieren dürfte, weil die verschiedenen Regionen zum Zeitpunkt, als die Strukturen entstanden sind, nicht miteinander kommunizieren konnten. Die flache Geometrie des Universums benötigt eine sehr genaue Abstimmung des Materieinhalts des Alls, sofern man keine Inflation annimmt, ein gekrümmtes Universum wäre sehr viel wahrscheinlicher. Wie schon beschrieben, ist die Inflation heute die weitgehend akzeptierte Lösung für beide Probleme. Wenn man eine Phase der Inflation annimmt, dann ist unser Universum doch nicht so besonders und die Frage, warum unser Universum so ist, wie es ist, wird weniger drängend. Unser Universum hätte ursprünglich auch ganz anders sein können, die

Inflation hätte es trotzdem zu dem gemacht, was wir heute sehen. Allerdings hat man sich mit der Inflation einen weiteren Bestandteil des kosmologischen Modells eingefangen, den man bisher nicht wirklich versteht. Alternativ könnte man nach anderen Prozessen suchen, die dazu geführt haben, dass unser Universum mit genau den Anfangsbedingungen entstanden ist, die es hatte. Allerdings wäre diese Art »neuer Physik« mindestens genauso spekulativ wie die Annahme einer inflationären Phase. So richtig viel wäre für den Liebhaber empirischer Evidenz damit also nicht gewonnen.

DAS ANTHROPISCHE PRINZIP

Die Besonderheit unseres Universums geht allerdings noch weiter. Wenn die Werte vieler Naturkonstanten nur geringfügig anders wären, wäre Leben im All kaum möglich, wie man auf der Grundlage von Simulationen zeigen kann. Beispielsweise wäre die Bildung von Kohlenstoff im Universum unmöglich gewesen, wenn es nicht einen bestimmten angeregten Zustand der Kohlenstoffkerne geben würde, den sogenannten Hoyle-Zustand, dessen Energie zufällig der Energie von drei Helium-4-Kernen entspricht. Wenn drei Helium-4-Kerne im Inneren von Sternen zusammenkommen, kann daraus entsprechend der Hoyle-Zustand des Kohlenstoffs resultieren. Dieser angeregte Zustand ist instabil, aber ein gewisser Anteil zerfällt nicht sofort wieder, sondern geht in den stabilen Grundzustand des Kohlenstoffs über. Wenn es diesen Prozess nicht gäbe, gäbe es keine schweren Elemente, die eine komplexe Chemie ermöglichen, und entsprechend auch kein Leben. Die Details dieses Prozesses sind erst seit 2011 verstanden. Unsere Existenz hängt also quasi am seidenen Faden: Wäre das entsprechende Energieniveau des Kohlenstoffs nur leicht anders gelagert gewesen, hätte es uns als kohlenstoffbasierte Lebensform nie gegeben. Kann so etwas Zufall sein?

Es gibt einige Physiker und Philosophen, die diese Frage verneinen und auf das sogenannte anthropische Prinzip verweisen: In seiner schwachen Version besagt es einfach, dass bereits die Tatsache, dass es uns gibt, beantwortet, warum das Universum so sein muss, dass es uns geben kann. Aus der Existenz folgt immer die Möglichkeit. Wenn ich in meiner Tomatensuppe ein Gummibärchen finde, dann bedeutet das automatisch, dass es möglich sein muss, dass ein Gummibärchen in eine Tomatensuppe gerät. Wenn ich einen Menschen im Universum finde, dann bedeutet das automatisch, dass das Universum so sein muss, dass es die Existenz von Menschen ermöglicht. In dieser Form ist das anthropische Prinzip eine Selbstverständlichkeit, eine Feststellung des Offensichtlichen.

Mit dieser Form des anthropischen Prinzips sind daher einige Physiker nicht sehr zufrieden, weil es streng genommen trotzdem nicht erklärt, warum unser Universum nun genau so ist, wie es ist. Die Stringtheorie hat hier einen etwas raffinierteren Ausweg. Sie muss aus theoretischen Gründen davon ausgehen, dass wir in einem Multiversum leben, das eine Vielzahl von Universen beherbergt. Alle diese Universen haben verschiedene Eigenschaften, verschiedene Werte der Naturkonstanten, manche beinhalten Dunkle Materie, andere nicht. Dass unser Universum so ist, wie es ist, würde sich daher anhand eines Selektionseffektes erklären: Tatsächlich gibt es viele verschiedene Universen, aber wir können nur in diesem einen, lebensfreundlichen Universum existieren.

Hier sind wir bereits bei einem Grad von Spekulation angekommen, der schon sehr viel guten Willen und einen nicht sehr empirisch ausgerichteten Begriff von Wissenschaft erfordert. Nachprüfen kann man alle diese Thesen nämlich nicht so einfach. Insbesondere ist es nicht klar, wie man Multiversen und

Co. im popperschen Sinne falsifizieren könnte. Wie könnten wir herausfinden, dass wir nicht in einem Multiversum leben? Strukturell sind wir hier gar nicht mehr so weit von der Religion entfernt, die gerne feststellt, dass man auch die Nicht-Existenz eines Gottes nicht beweisen kann. Tatsächlich gibt es für das Problem der Besonderheit unseres Universums natürlich auch noch die religiöse Lösung: Vielleicht hat ein Gott unseren Kosmos genau so geschaffen, dass wir als intelligente Bewohner entstehen konnten. Diese Spekulationen sind nun allerdings ganz sicher nicht mehr im Bereich der Wissenschaft anzusiedeln. Sie zeigen ein weiteres Mal, wie wichtig in den Naturwissenschaften das Wechselspiel von Theorie und Beobachtung und Experiment ist. Sofern die empirischen Daten zu knapp werden, schlägt das Problem der Unterdeterminiertheit von Theorien zu. Irgendwann können wir nicht mehr auf der Grundlage empirischer Evidenz entscheiden, wie wir die Daten zu deuten haben, sondern wir können nur noch glauben. Oder eben nicht.

Hier hatte Ian Hacking recht mit seinem dramatischen »Abgrund der Unsicherheit«, der sich irgendwann vor uns auftut. Aber dieser Fall ist erstens in der Astrophysik nicht die Regel, und zweitens ist das Problem der Unterdeterminiertheit nicht nur auf die Astrophysik beschränkt, sondern tritt in allen Wissenschaften auf. So viel zu Hacking. Und davon abgesehen glaube ich nach wie vor, dass die Astrophysik etwas Besonderes ist. Sie hat besondere Methoden entwickelt, die uns ermöglichen, die unvorstellbaren Weiten des Kosmos zu erkunden und zu verstehen. Und damit übt sie nach wie vor eine ganz besondere Faszination auf uns aus. Ob das alles ausreicht, um Soziologen, Historiker und Philosophen von der Besonderheit der Astrophysik zu überzeugen? Ich sollte es vielleicht noch mal mit einem zweiten Anlauf versuchen, aber sicher bin ich mir nicht. Für mich zumindest hat sich die Astrophysik nach meiner philosophischen Spurensuche eher als noch einzigartiger herausgestellt als damals in der Uckermark vermutet. Und das ist ja auch schon mal etwas.

ooo

Für Kosmologie kann mein Vater sich begeistern: »Ja, das finde ich sowieso ganz unglaublich, dass man heute tatsächlich so viel über die Entwicklung unseres Universums sagen kann. Aber vorstellen kann ich es mir trotzdem nicht. Man hört ja zum Beispiel immer, dass das Universum sich ausdehnt. Aber wohinein dehnt es sich denn aus? Außerhalb des Universums kann ja eigentlich gar nichts sein.«

»Das Universum dehnt sich ja nicht in etwas hinein aus. Es dehnt sich einfach in sich aus. Alle Abstände werden einfach immer größer. Ja, ich finde das auch schwer vorstellbar, muss ich zugeben.«

»Dann bin ich ja beruhigt, das von dir zu hören. Dann fühle ich mich nicht ganz so schlimm begrenzt in meinem Denken.«

»Mein Bruder wollte ja, als ich mit dem Studium angefangen habe, dass ich die Weltformel finde, um dann quasi für ihn den Nobelpreis zu gewinnen. Ich bin echt froh, dass ich mit den Stoßwellen und der Sternentstehung dann doch etwas vergleichsweise Handfestes gemacht habe.«

»Die Weltformel beschreibt dann das Universum im Ganzen?«

»Nein, die Weltformel braucht man, wenn man das Universum ganz kurz nach dem Urknall verstehen will, als es noch ganz heiß und dicht war. Man nimmt an, dass zu dem Zeitpunkt noch alle vier fundamentalen Kräfte in einer einzigen kombiniert waren.«

»Was heißt denn kurz nach dem Urknall?«

»Einen winzigen Bruchteil einer Sekunde nach dem Urknall. Danach hat sich das Universum weit genug ausgedehnt und deshalb auch weit genug abgekühlt, dass die Physik entstanden ist, wie wir sie heute kennen.«

»Kann uns das dann nicht im Grunde egal sein?«

»Es geht halt nicht nur um den Urknall. Die Effekte, die in einer Weltformel beschrieben würden, sind zum Beispiel wohl auch in Schwarzen Löchern relevant. Überall da, wo Gravitation so stark ist, dass sie mit den mikroskopischen Kräften vergleichbar wird. Dann braucht man so etwas wie eine Quantengravitation, in der die Relativitätstheorie mit der Quantentheorie vereint wird.«

»Könnte dann nicht auch irgendwann wieder so was wie ein Gott relevant werden?«

»Na ja, man würde das dann doch lieber physikalisch erklären als theologisch.«

»Du solltest mal Hans Küng lesen.«

»Ich beschäftige mich ja selbst gar nicht mit Quantengravitation, und Theologie ist gerade auch nicht mein Thema. Oje, ich sehe gerade, wie spät es schon ist. Da haben wir uns ja jetzt wirklich etwas festgequatscht. Ich weiß gar nicht, wann wir das letzte Mal so lang telefoniert haben.«

»Oh, du hast recht. Dabei wollte ich noch eine Runde mit dem Fahrrad fahren. Aber war interessant. Schon faszinierend, was du so machst.«

»Ja, finde ich auch. Freut mich, wenn du es interessant fandest. Dann viel Spaß bei der Radtour.«

»Danke! Und wenn mir noch was einfällt, melde ich mich noch mal.«

EPILOG

Etwa ein Jahr später. Meine Eltern sind am Telefon: »Na, da hast du uns ja etwas zugemutet!«

»Hallo. Was habe ich?«

Mein Vater stöhnt: »Na, du strapazierst deine alten Eltern schon ganz schön. Heute haben wir den ganzen Tag an deinem Werk gelesen. Jetzt brummt uns der Schädel.«

»Hm. Das klingt ja nicht so gut.«

»Schon okay. Aber wir fühlen uns jetzt so, als hätten wir selbst Physik studiert.«

»Das ist ja im Prinzip nicht so schlecht.«

Mein Vater gibt zu bedenken: »Ja, aber an manchen Stellen muss man sich schon auch ganz schön konzentrieren.«

Meine Mutter widerspricht: »Also ich habe alles verstanden!«

Mein Vater etwas beleidigt: »Ich habe auch alles verstanden.«

»Na, das ist doch besser, als wenn ihr gar nichts verstanden hättet. Jetzt habt ihr immerhin eine Vorstellung davon, mit was ich so meine Zeit verbringe.«

Das sieht meine Mutter auch so: »Ja das stimmt. Warst du denn heute auch mal draußen? Du weißt, wenn du zu viel am Bildschirm sitzt, ist das schlecht für deine Augen.«

LITERATURVERZEICHNIS

Angrist, J.D. (1990): »Lifetime Earnings and the Vietnam Era Draft Lottery: Evidence from Social Security Administrative Records«. *American Economic Review* 80(3), 313–336

Bailer-Jones, D.M. (2002): »Scientists' Thoughts on Scientific Models«. *Perspectives on Science* 10, 275–301

Bogen, J.; Woodward, J. (1988): »Saving the Phenomena«. *Philosophical Review* 97(3), 303–352

Boumans, M.J. (1999): »Built-in justification«. In: M.S.Morgan, M.Morrison (Eds.): *Models as mediators. Perspectives on natural and social science.* Cambridge University Press, Cambridge, 66–96

Cleland, C.E. (2002): »Methodological and Epistemic Differences between Historical Science and Experimental Science«. *Philosophy of Science* 69, 474–496

Dick, S.J. (2013): *Discovery and Classification in Astronomy.* Cambridge University Press, Cambridge

Friedmann, A. (1922): »Über die Krümmung des Raumes«. *Zeitschrift für Physik* 10, 377–386

Goodman, N. (1968): *Languages of Art.* Hackett Publishing, Indianapolis/Cambridge

Hacking, I. (1983): *Representing and Intervening. Introductory Topics in the Philosophy of Natural Science.* Cambridge University Press, Cambridge

Hacking, I. (1989): »Extragalactic Reality: The Case of Gravitational Lensing«. *Philosophy of Science* 56, 555–581

Harwit, M. (1981): *Cosmic Discovery. The Search, Scope, and Heritage of Astronomy.* MIT Press, Cambridge

Hoeppe, G. (2012): »Astronomers at the Observatory: Place, Visual Practice, Traces«. *Anthropological Quarterly* 85, 1141–1160

Kant, I. (1998): *Kritik der reinen Vernunft.* 1. und 2.Orig.-Ausgabe, hrsg. von J.Timmermann. Felix Meiner Verlag, Hamburg

Kuhn, T. (1962): *The Structure of Scientific Revolutions.* University of Chicago Press, Chicago

Manchak, J. (2009): »Can We Know the Global Structure of Spacetime?« *Studies in History and Philosophy of Modern Physics* 40, 53–56

Matthews, R. (2000): »Storks Deliver Babies (p=0.008)«. *Teaching Statistics* 22(2), 36–38

Parker, W. (2014): »Computer Simulations«. In: M. Curd, S. Psillos (Eds.): *The Routledge Companion to Philosophy of Science*, second edition. Routledge, London, New York, 135–145

Popper, K. (1934): *Logik der Forschung. Zur Erkenntnistheorie der modernen Naturwissenschaft*. Mohr Siebeck, Tübingen

Ruphy, S. (2010): »Are Stellar Kinds Natural Kinds? A Challenging Newcomer in the Monism/Pluralism and Realism/Antirealism Debates«. *Philosophy of Science* 77(5), 1109–1120

Ruphy, S. (2011): »Limits to Modeling: Balancing Ambition and Outcome in Astrophysics and Cosmology«. *Simulation & Gaming* 42(2), 177–194

Shapere, D. (1982): »The Concept of Observation in Science and Philosophy«. *Philosophy of Science* 49(4), 485–525

Smeenk, C. (2014): »Cosmology«. In: M. Curd, S. Psillos (Eds.): *The Routledge Companion to Philosophy of Science*, second edition. Routledge, London, New York, 609–620

Sundberg, M. (2012): »Creating Convincing Simulations in Astrophysics«. *Science, Technology, & Human Values* 37(1), 64–87

Suppes, P. (1962): »Models of Data«. In: E. Nagel, P. Suppes, A. Tarski (ed.): *Logic, Methodology, and Philosophy of Science: Proceedings of the 1960 International Congress*. Stanford University Press, Stanford, 252–261

REGISTER

250

251